艺术设计
ARTDESIGN

高等院校艺术学门类『十三五』规划教材

主编 李卓 时一铮

公共环境设施设计

GONGGONG HUANJING SHESHI SHEJI

U0362777

华中科技大学出版社
http://www.hustp.com
中国·武汉

图书在版编目（CIP）数据

公共环境设施设计 / 李卓，时一铮主编. — 武汉：华中科技大学出版社，2014.12（2022.12重印）
ISBN 978-7-5680-0561-6

Ⅰ.①公⋯ Ⅱ.①李⋯ ②时⋯ Ⅲ.①城市公用设施 – 环境设计 – 高等学校 – 教材 Ⅳ.①TU984.14

中国版本图书馆 CIP 数据核字(2015)第 002690 号

公共环境设施设计

李 卓 时一铮 主编

策划编辑：曾 光 彭中军
责任编辑：胡凤娇
封面设计：龙文装帧
责任校对：曾 婷
责任监印：张正林
出版发行：华中科技大学出版社（中国·武汉）　电话：(027)81321913
　　　　　武汉市东湖新技术开发区华工科技园　邮编：430223
录　排：龙文装帧
印　刷：湖北新华印务有限公司
开　本：880 mm × 1 230 mm　1/16
印　张：7.5
字　数：229 千字
版　次：2022 年 12 月第 1 版第 5 次印刷
定　价：45.00 元

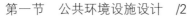

第一章

公共环境设施概述

GONGGONG HUANJING SHESHI GAISHU

第一节
公共环境设施设计

公共环境设施设计是伴随城市的发展而产生的，是融工业设计与环境设计为一体的新型环境产品设计。城市公共环境设施是一种人工建造的空间和实体形态，是连接人与自然的媒介。公共环境设施定义了城市室外空间环境的功能特征，确定了城市室外空间的秩序，丰富了城市景观环境的内涵。

"公共环境设施"这一术语产生于英国，英语为"street furniture"，英语译为"街道家具"，德语译为"街道设施"，法语译为"都市家具"，日语译为"步行者道路的家具""道的装置"或"街具"，中文可以理解为"环境设施""公共设施""公共环境设施"或"城市环境设施"。一般公认"公共环境设施"的定义是：为了提供公众某种服务或某项功能，装置在都市公共空间里的私人或公共物件、设备的统称。

商业环境的公共设施如图 1-1 所示，广场环境的公共设施如图 1-2 所示，旅游景区的公共设施如图 1-3 所示，交通环境的公共设施如图 1-4 所示。

图 1-1　商业环境的公共设施

图 1-2　广场环境的公共设施

图 1-3　旅游景区的公共设施

图 1-4　交通环境的公共设施

第二节
公共环境设施的形成与发展

　　环境设施与城市的发展息息相关。城市发展史可以看作是环境设施发展史。随着城市的发展，环境设施也随之发展。

一、国外城市环境设施的发展

　　古代祭天公共场所的设施可视为最早出现的公共设施，像古罗马时期的城市排水系统、奥林匹克竞技场等都属于古代的公共设施。考古学家在庞贝城遗址上发现的古罗马时期的城堡、园林都是以环境设施为主的景观环境。它的园内有藤萝架、凉亭，沿墙设座椅，水渠、草地、花池、雕塑为主体对称布置。后来随着城市的发展，现代意义的城市兴起之后，公共设施变得更加普及。

　　公元9世纪，当时的科尔多瓦在街道两旁普遍设置了街灯。意大利文艺复兴时期，出现了以城市为中心的商业城邦。"人性的解放"结合对古希腊、古罗马灿烂文化的重新认识，形成了意大利环境设施的文艺复兴高潮。由于主要建筑物通常建于山坡地段的最高处，在建筑前开辟层层山地，分别配置坡坎、平台、花坊、水池、喷泉、雕塑及绿地；在水景处理方面，理水的手法丰富多样，于高处汇聚水源建储水池，然后顺坡势往下引注成为水瀑、平濑或流水梯，在下层台地则利用水落差的压力建各种喷泉。17世纪意大利的环境设施传入法国，以凡尔赛宫为中心的林荫大道配置无数的水池、喷泉、雕塑及绿篱，呈对称布置的几何形式，并把植物修剪成各种动物及几何形体，极大地影响了世界。从18世纪开始，随着法国革命进程的加快，城市越来越成为人们的领地，人们在街道上走动时，个人和公众的生活开始融成一体，街道成为人们日常生活的一个"剧场"。在法国，拿破仑三世委任奥斯曼进行巴黎的现代化城市改造。他对巴黎施行了一次"大手术"，再次拆除城墙，建造新的环城路，在旧城区里开出许多宽阔笔直的大道，建造了新的林荫道、公园、广场、住宅区，督造了巴黎歌剧院。在街道两旁种植数英里（1英里=1.609千米）的行道树，美化了街道，并安装路灯、座椅和其他的路边设施小品。

　　凡尔赛宫风景如图1-5所示。

　　19世纪末至20世纪中叶，都市街道是为汽车服务的，不断拓宽的车道，不断延伸的高架桥，使人们的活动空间越来越小。

　　20世纪70年代后，随着发达国家由工业化社会向信息化社会的转变，现代城市开放空间在人类行为、情感、环境等方面的缺陷日益显现。人们逐渐认识到城市开放空间应适应人类行为、情感的人文化、连续化的发展，都市中为人服务的设计观念开始兴起。都市规划与设计专家提议将汽车赶出市中心，把城市中供人们活动的公共空间归还给人们。城市空间职能的转变又一次带动了城市环境设施的现代化发展。

二、我国公共设施的发展

　　中国古代的石牌坊、牌楼、拴马桩、下马石、石狮、灯笼及水井等反映了古代人们的生活需要。宋代画家张

图1-5 凡尔赛宫风景

择端的现实主义长卷作品《清明上河图》（局部图见图1-6），真实描绘了北宋时期京都汴梁的集市繁荣景象，画面展示了当时店铺、街道中的各种招牌、门头、商店、幌子等古人日常所需的设施。

图1-6 《清明上河图》（局部图）

　　在中国古代传统的城市景观和环境设施中，墙体、道路、门阙作为突出空间层次和轴线对称格局的主要手段，其相关的附属设施也不断发展，如照壁、石狮、华表等，其构件和装修也有着严明的等级规定。墙和桥是中国古代城市空间中竖向和纵向的地标，是世人凭吊追忆的所在，是城市建设与历史的见证。中国的园林，作为一个独立发展体系，有着丰富的内容，是道家意识以及中国传统美学观念和思想感情的汇聚，是各个时代人们的奇思异想与能工巧匠的天才造物。在山、水、树、石、屋、路及其附设建筑小品的配置、空间组织、意境的处理方面都达到了很高的水平。

日晷计时装置如图 1-7 所示，华表如图 1-8 所示。

图 1-7　日晷计时装置

图 1-8　华表

　　我国的公共环境设施发展经历了一个漫长的过程，虽然在封建社会，城市街道、庙宇、码头等公共环境设施在当时是世界上比较发达的，但是到了近代由于工业化起步比较晚，经济比较落后，公共环境设施的建设落后于西方发达国家。

　　现今，随着我国经济的迅猛发展，公共环境设施在设计上开始追求它的整体性、地域性、协调性，追求人与环境的和谐。

　　厦门中山公园的南门如图 1-9 所示，厦门中山公园的喷泉、雕塑如图 1-10 示。

图 1-9　厦门中山公园南门

图 1-10　厦门中山公园的喷泉、雕塑

第三节

公共环境设施的类型及内容

　　公共环境设施是在公共空间中满足人们公共需求的、集多项服务功能于一体的公共设备。随着我国经济的快速发展，城市建设速度也越来越快，城市的公共环境设施也越来越多，同时也被越来越多的人所关注。按照公共环境设施功能的不同，可将城市公共环境设施划分为九大类：公共信息设施、公共交通设施、公共休息服务设施、公共游乐设施、公共卫生设施、公共照明设施、公共管理设施、公共配景设施、无障碍设施。

　　1. 公共信息设施

　　公共信息设施的种类繁多，包括公用电话亭（见图 1-11）、街钟（见图 1-12）、邮筒、商业性广告牌（见图 1-13）、广告塔、招牌、条幅、幌子，以及非商业性的标识牌、路牌、导游图栏等。

图 1-11　公用电话亭

图 1-12　街钟

图 1-13　商业性广告牌

信息牌如图 1-14 所示，指示牌如图 1-15 所示。

(a)

(b)

图 1-14 信息牌

2. 公共交通设施

城市空间环境中，围绕交通安全方面的环境设施多种多样，其目的也各不相同。公共交通设施包括城市轻轨站、地铁站出入口（见图 1-16）、地下通道、坡道、人行天桥、公交候车亭（见图 1-17）、护柱、护栏（见图 1-18）、自行车停放架（见图 1-19）、盲道（见图 1-20）等。

无障碍设计如图 1-21 所示。

3. 公共休息服务设施

公共休息服务设施的范围很广泛，主要是为了满足人们的休息、休闲等要求。公共休息服务设施更多地体现社会对公众的关爱、公众与公众的交往以及公众间利益与情感的互相尊重，它能提高公共休闲的质量和舒适度。公共休息服务设施主要包括座椅（见图 1-22）、凉亭（见图 1-23）、棚架、售货亭（见图 1-24）、书报亭、自动售货机（见图 1-25）等，主要设置在街道小区、广场、公园等地方，以供人休息、读书、交流、观赏等。

图 1-15 指示牌

(a)

(b)

图 1-16 造型各异的地铁站出入口

(a)

(b)

(c)

(d)

图 1-17　各种形式的公交候车亭

(a)

(b)

图 1-18　护栏

(a)   (b)

图 1-19　自行车停放架

图 1-20　盲道   图 1-21　无障碍设计

(a)   (b)

图 1-22　各种形式的座椅

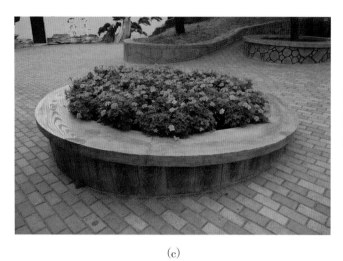

（c）

（d）

（e）

（f）

续图 1-22

（a）

（b）

图 1-23　各种形式的凉亭

(c)

(d)

续图1-23

(a)

(b)

图1-24　各种形式的售货亭

图1-25　自动售货机

4. 公共游乐设施

公共游乐设施是指供人们游戏、娱乐等而设置的各类设施，主要包括儿童游乐设施（见图1-26）、健身设施等。公共游乐设施为人们在户外的活动和交流提供了场所，人们不但可以锻炼身体，还能陶冶情操。

图1-26　儿童游乐设施

5. 公共卫生设施

公共卫生设施主要是为保持城市市政环境卫生而设置的、具有各种功能的装置器具，包括公共厕所（见图1-27）、垃圾箱（见图1-28）、烟灰桶、饮水器、洗手池。

饮水器与垃圾箱如图1-29所示，宠物粪便收集箱如图1-30所示，宠物饮水处如图1-31所示。

图 1-27　公共厕所　　　　　　　　　　　　　　　　　　图 1-28　垃圾箱

图 1-29　饮水器与垃圾箱　　　图 1-30　宠物粪便收集箱　　　图 1-31　宠物饮水处

6. 公共照明设施

随着现代城市高速发展，夜景景观成为城市环境的一个重要组成部分。人们对夜景景观更加重视。它不仅可以提高夜间交通安全，还是营造高质量的现代城市夜景景观的重要手法。

公共照明设施是环境设计中非常重要的一环。公共照明设施主要有道路照明设施、商业街（步行街）照明设施（见图1-32）、庭园照明设施、广场照明设施（见图1-33）、配景照明设施等。

7. 公共管理设施

公共管理设施是保证城市正常运行的电力、水力、煤气、网络信息及消防等的设施。公共管理设施主要包括路面井盖（见图1-34）、消防栓（见图1-35）、配电箱等。

8. 公共配景设施

公共配景设施是指在城市公共环境中起到美化环境作用的各种设施。公共景观设施包括水景（见图1-36）、

图 1-32 商业街照明设施

图 1-33 广场照明设施

（a）

（b）

（c）

图 1-34 日本井盖设计

图 1-35 消防栓

地景、雕塑景观（见图1-37）、植物景观（见图1-38）等，是现代城市不可或缺的组成元素。公共景观设施不仅能满足人们的审美需求和精神追求，还可以提高城市的文化底蕴和人文精神，甚至还能成为城市的符号和标志。

(a)

(b)

图1-36 水景

(a)

(b)

图1-37 雕塑景观

图1-38 植物景观

容器花池如图 1-39 所示。

图 1-39　容器花池

9. 无障碍设施

无障碍设计源自 20 世纪中叶，是社会对人道主义的呼唤，其出发点是建立在使用者都能公平使用的基础上，其宗旨就是消除城市环境中的障碍，为残障人士提供和创造便利行动及安全舒适的生活，创造一个平等和谐的社会环境。无障碍设计的这种观念很快得到了以欧美为代表的发达国家的认同与支持，并在世界各国得到广泛的推广和发展。

盲道如图 1-40 所示，残障人士专用通道如图 1-41 所示。

图 1-40　盲道

图 1-41　残障人士专用通道

第二章

公共环境设施设计的构成要素

GONGGONG HUANJING SHESHI SHEJI DE GOUCHENG YAOSU

第一节
形态要素

形态一般指事物在一定条件下的表现形式。形态分为概念形态和现实形态两大类，如图 2-1 所示。

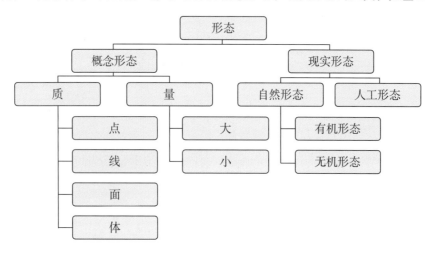

图 2-1　形态的分类

概念形态由质（点、线、面、体）和量（大、小）两个方面构成。概念形态是指不能直接感知的抽象形态，也无法成为造型的素材，当它以图形化的直观形式出现时，就成为造型设计的基本元素。

现实形态是指实际存在的形态，包括自然形态和人工形态两种类型。自然形态是指在自然法则下形成的各种可视或可触摸的形态，它不随人的意志改变而改变，如山、水、树、木、花、鸟、鱼、虫等。自然形态是指一种富有生命的形态，可分为有机形态和无机形态两种。有机形态就是有生命的有机体，在大自然中由于自身的平衡力及各种自然法则，必然产生平滑曲线，体现出生命形态特征。许多艺术家和设计师深受启示，他们在作品中运用有机形态赞美生命与自然。如英国雕塑家亨利·斯宾赛·摩尔的《斜倚的人形》（见图 2-2），不再是对自然物体表面的模仿，而是追求从自然物体中抽取一种本质化形态，即一种生动的、具有强烈生命力的有机形态。无机形态则相反，往往体现在几何形态上，给人以理性的感觉。人工形态是由人通过各种技术手段创造的形态，它是人类有意识、有目的的活动创造的结果，如建筑物、雕塑等。

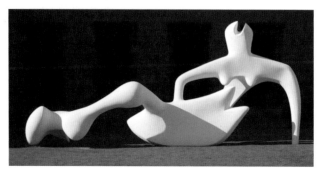

图 2-2　[英] 亨利·斯宾赛·摩尔　《斜倚的人形》（1951 年）

公共环境设施的表现形态一般有以下几种形式。

1. 功能形态

设计师在进行设施产品形态设计时，应注重作品的实用性即功能性，也就是说功能决定形式或形式依随功能，反映了功能的决定性和形式的依随性。

2. 几何形态

几何形态包含了丰富的内涵与时代的审美情趣，是大自然具象物体图形在构造、线条和外形上被符号化后提炼出的产物。几何形态以其整齐的构造、明快的线条、简洁的艺术表现形式，受到许多设计师的青睐，如图 2-3 所示。他们用几何形态来追求不同的设计理念和艺术的表现语言。

 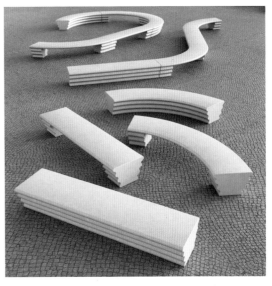

(a)   (b)

图 2-3　几何形态

3. 仿生形态

仿生设计是在深刻理解自然物的基础上，在美学原理和造型原则作用下的一种具有高度创造性的思维活动。仿生形态（见图 2-4）不是对自然生物形态的照搬，而是要捕捉自然生物形态的某种特性，将其与所设计的产品结合起来，经过抽象、演变、提炼、升华，创造出一种新的设施产品形态。

图 2-4　仿生形态

4. 象征形态

象征形态与联想形态的表现手法类似，是形态的象征性语意作用，是形态的联想效果和隐喻的表现。象征形态的表现就是基于某个具体形态上进行的类比暗示以及联想。

5. 装饰形态

装饰形态符合人们习惯的观赏习性，追求设施的视觉审美。

6. 触感形态

触感形态以曲面形态进行变化，变无机性为有机性，在形态的某个部分体现人体的一部分或触感的痕迹。具有触感的有机形态如图 2-5 所示。

图 2-5　具有触感的有机形态

第二节
色彩要素

色彩是指光投射到物体表面所产生的自然现象。人类不仅通过色彩传递、交流视觉信息，而且在社会生活实践中逐渐对色彩产生兴趣并形成了对色彩的审美意识。人类的生理特点决定了人们对色和形的认知顺序是由色到形，由形到文的过程。因此，最先闯入人们视野的是色彩，色彩处理的效果不仅影响视觉美感，而且影响人的情绪及工作生活效率。现在，人们对城市色彩环境越来越重视，环境、色彩与人类的关系越来越密切。

一、色彩的感觉

色彩可以营造醒目、清晰、对比的效果，能够帮助人们更好、更快地阅读。此外，色彩还可以"诱惑"人、突出设计和解释信息，其重点在于表达感觉和情感。色彩所引起的感觉多种多样，如色彩的冷暖感、空间感、轻重感等。

1. 色彩的冷暖感

不同的色彩会引起不同的温度感觉，一般来说，长波的红色、黄色给人以温暖的感觉，而短波的蓝色给人以寒冷的感觉。具体地说，色彩的冷暖与色相的倾向密切相关，如发黄的红与发紫的红在冷暖上有很大差别，前者偏暖，而后者偏冷。

2. 色彩的空间感

色彩的空间感是指色彩给人以实际距离前进或后退，比实际大小膨胀或缩小的感觉。从色相方面说，长波的色相（如红、黄）给人以前进、膨胀的感觉，短波的色相（如蓝）给人以后退、缩小的感觉。

3. 色彩的轻重感

色彩的轻重感主要由色彩的明度决定，明度高的亮色感觉轻，明度低的暗色感觉重。另外，物体表面的质感效果对色彩的轻重感也有较大影响。

二、色彩的装饰性

人们生活在色彩的世界里，色彩丰富了人们的生活，色彩还满足了人们的不同审美需求，具有一定的装饰性。如图 2-6 和图 2-7 所示，为了打破灰色的空间环境，利用彩色钢柱进行装饰，不仅活跃了空间气氛，也起到了视觉引导的作用。

图 2-6 地理位置图　　　　　　　　　　　　图 2-7 通向购物中心的路

三、色彩的象征性

不同的国家、民族因为地域环境、文化背景的不同，往往给各种色彩赋予浓厚的人文特色，对色彩的理解也是不一样的。人类的感性具有共通的一面，对色彩的直观感受也存在很多共性，这正是色彩产生象征性的基础。象征性的色彩有些是根据色彩本身的特性所决定的，有的则是约定俗成的，如我国的邮筒用墨绿色，而有的国家则用黄色或红色。

色彩的象征性如图 2-8 所示。

当我们看色彩时，常常会想与该色相相关的色彩，产生色彩联想。色彩的联想与象征意义如表 2-1 所示。

图 2-8　色彩的象征性

表 2-1　色彩的联想与象征意义

色　相	联　想	象　征
红	血液、太阳、火焰	热情、危险、喜庆
橙	橙子、霞光、秋叶	快乐、尊贵、神秘、温暖
黄	香蕉、菊花、信号	明快、提醒
绿	树叶、植物、安全	和平、理想、希望
蓝	海洋、天空、水	沉稳、豁达、忧郁、冷静
紫	葡萄、茄子、紫罗兰	尊贵、神圣、优雅
白	白雪、白云、棉花	朴素、贞洁、干净
黑	墨水、夜晚、木炭	冷酷、阴暗、黑暗、神秘

四、色彩的协调性

为保持空间环境的整体感和协调感，公共环境设施的色彩应当采取较为简单的配色原则。除了指示系统之外，其余醒目程度较低的公共设施的色彩可以从其所处街道的建筑、路面等提取，采用类似色相或色调调和的方法来进行配色。如图 2-9 所示，既不会破坏街道原有风格和色调，又在统一中寻求了色彩变化。如图 2-10 所示，公共环境设施中的景观小品采用与植物颜色相近的色彩也是色彩调和的一种方法。

图 2-9　色彩的协调性

图 2-10　景观小品采用与植物颜色相近的色彩

第三节
材料与工艺要素

公共环境设施的制作一般使用木材、石材、混凝土、陶瓷、金属、塑料等材料。随着科技的发展，出现了许多复合材料，如金属玻璃钢材料、平板复合材料等，均具有较好的物理、化学特性，成为坐具材料的发展点。

城市公共环境设施作为城市的标志，体现城市风格，因此在材料的选用上，要多方面考虑材料的可塑性、经济性、环保性的问题，做到美观、实用、低污染。

一、材料的分类

公共环境设施设计的材料品种繁多，功能、性质各异，有着各种不同的分类方法。从材料的属性来划分，公共环境设施设计经常使用的材料主要有如下几种。

（1）木材。木材包括各种天然木板、美耐板、藤、竹子等。

（2）石材。石材包括石膏、混凝土、大理石、花岗岩、陶瓷等。

（3）金属。金属包括不锈钢、铝合金、铜合金、合金钢、碳素钢、抛光金属等。

（4）塑料。塑料包括聚氯乙烯、聚酰胺、合成树脂、橡胶、聚丙烯等。

（5）玻璃。玻璃包括防爆玻璃、硅酸盐玻璃等。

（6）漆料。漆料包括室外用丙烯酸乳胶漆、真石漆、防火涂料等。

二、材料的质感

材料的质感是通过人的视觉、触觉而产生的一种直观印象。不同材料的使用特点也不同。

1. 木材

木材是公共环境设施使用较为广泛的材料，它的可操作性是其他材料无法比拟的，并具有易拆除、易拼装的特点。木材除了加工方便外，其本身还具有很强的自然气息，容易融入和软化环境，具有一定的符号特征。木材是比较暖性的材质，适合做成座椅、拉手、扶手、儿童游乐设施等与人体直接接触的公共环境设施，用于室外需做防腐、防潮、阻燃处理。

木材材质做成的公共环境设施如图 2-11 所示。

(a)   (b)

图 2-11 木材材质做成的公共环境设施

2. 石材

石材不易腐蚀，比较坚硬，在公共环境设施设计中使用较为广泛。不同的石材具有不同的质感，通常可以起到烘托与陪衬其他材料的作用。石材的纹理极具自然美感，可以切割成各种形状，产生丰富的拼贴效果。石材直接取材于自然，因而也同样具有自然的特征。石材属于冷性材料，容易使人产生冰冷感，大量使用时，需用其他暖性材料来软化它。

石材材质做成的公共环境设施如图 2-12 所示。

(a)   (b)

图 2-12 石材材质做成的公共环境设施

3. 塑料

塑料不易碎裂，加工比较方便，已逐渐被广泛运用。塑料可以按照预先的设计，制作成各种造型，这是其他材料无法比拟的。塑料具有很强的时代性，传达着工业文化的信息，具有很好的防水性，被广泛用于公共环境设施设计。塑料的缺点是耐性差、易变形、易静电、褪色等。

塑料材质做成的公共环境设施如图 2-13 所示。

图 2-13　塑料材质做成的公共环境设施

4. 金属

金属具有优越的表现效果，具有冰冷、贵重的特点。金属根据需要可以做成各种造型，产生不同的视觉效果，提高设计品质。

金属材质做成的公共环境设施如图 2-14 所示。

(a)　　　　　　　　　　　　　　　　　(b)

图 2-14　金属材质做成的公共环境设施

图2-15　玻璃材质做成的公共环境设施

5. 玻璃

玻璃对光有着较强的反射性和折射性，这是玻璃有别于其他材质之处。人们利用玻璃的这一特性进行设计，可增加公共环境设施的独特视觉效果。除此之外，玻璃还具有高硬度、易清洁及易加工等特点，但它容易破碎，存在安全隐患，使用时需做特殊处理。玻璃的可视性强，可以减少公共环境设施对周边景观环境的干扰，这一特性被广泛用于公交候车亭、电话亭等公共环境设施中。

玻璃材质做成的公共环境设施如图2-15所示。

6. 混凝土

混凝土具有坚固、经济、成型方便等优点，在公共休息设施中被广泛运用。混凝土吸水性强、触感粗糙、易风化，经常与其他材料配合使用，如与砂石掺和磨光，形成平滑的椅面等。

混凝土材质做成的公共休息设施如图2-16所示。

图2-16　混凝土材质做成的公共休息设施

7. 陶瓷

陶瓷表面光滑、耐腐蚀，又具有一定的硬度，适合做成公共座椅，特别是在适宜环境的衬托下，更显其古朴纯真的特点。但是由于烧制工艺的限制，陶瓷的尺寸不能过大，加工烧制过程中容易变形，难以制作出较复杂的形状。

第四节
尺度、结构与功能要素

一、人体工程学

1. 人体工程学

人体工程学，也称人类工程学、人类工效学，是第二次世界大战后发展起来的一门新学科。它以人机关系为研究对象，以实测、统计、分析为基本的研究方法。它用于探知人体的工作能力及其极限，从而使人们所从事的工作趋向适应人体解剖学、生理学、心理学的各种特征。

2. 人体的基本尺度

人体的基本尺度是人体工程学研究的最基本的数据之一。它主要以人体构造的基本尺寸（又称为人体结构尺寸，主要是指人体的静态尺寸，如身高、坐高、肩宽、臀宽、手臂长度等）为依据，通过研究人体对环境中各种物理、化学因素的反应和适应力，分析环境因素对生理、心理以及工作效率的影响程序，确定人在生活和生产中所处的各种环境的舒适范围和安全限度。人体尺寸随种族、性别、年龄、职业、生活状态的不同而在个体与个体之间、群体与群体之间存在较大的差异。

我国不同地区人体各部分平均尺寸如表 2-2 所示。

表 2-2　我国不同地区人体各部分平均尺寸

单位：mm

编号	部　位	较高人体地区（冀、鲁、辽）		中等人体地区（长江三角洲）		较低人体地区（四川）	
		男	女	男	女	男	女
A	人体高度	1 690	1 580	1 670	1 560	1 630	1 530
B	肩宽度	420	387	415	397	414	385
C	肩峰至头顶高度	293	285	291	282	285	269
D	正立时眼的高度	1 513	1 474	1 547	1 443	1 512	1 420
E	正坐时眼的高度	1 203	1 140	1 181	1 110	1 144	1 078
F	胸廓前后径	200	200	201	203	205	220
G	上臂长度	308	291	310	293	307	289
H	前臂长度	238	220	238	220	245	220
I	手长度	196	184	192	178	190	178

续表

编号	部 位	较高人体地区（冀、鲁、辽）		中等人体地区（长江三角洲）		较低人体地区（四川）	
		男	女	男	女	男	女
J	肩峰高度	1 397	1 295	1 379	1 278	1 345	1 261
K	1/2 上个骼展开全长	869	795	843	787	848	791
L	上身高度	600	561	586	546	565	524
M	臀部宽度	307	307	309	319	311	320
N	肚脐高度	992	948	983	925	980	920
O	指尖到地面高度	633	612	616	590	606	575
P	上腿长度	415	395	409	379	403	378
Q	下腿长度	397	373	392	369	391	365
R	脚高度	68	63	68	67	67	65
S	坐高	893	846	877	825	350	793
T	腓骨高度	414	390	407	328	402	382
U	大腿水平长度	450	435	445	425	443	422
V	肘下尺寸	243	240	239	230	220	216

老年人公共环境设施的设计要点如下。

（1）座椅前部的下方不宜有横档。

（2）椅面高度和工作面高度必须是可以调节的或者是定制的。

（3）小身材的老年女性，其腰围、臀围未必与身高有常规的比例关系。

（4）老年人的摸高应较常人的降低约 76 mm。

（5）老年人的探低应较常人的抬高约 76 mm。

（6）老年人的工作面高度应较常规降低约 38 mm。

二、结构性

结构是指产品或物体各元素之间的构成方式与结合方式。结构设计就是在制作产品前，预先规划、确定或选择连接方式、构成形式，并用适当的方式表达作品的全过程。结构既是功能的承担者，又是形式的承担者，因此产品的结构必然受到材料工艺、使用环境等多方面的制约。

升降式男性小便器如图 2-17 所示。

图 2-17　升降式男性小便器

三、功能要素

功能是产品构成的一种组合方式，是经过一定材料的组合，形成结构，表现出相应的形式，发挥有利的实际使用价值和效能。功能性是公共环境设施具有的产品属性的根本体现。在进行公共环境设施设计时，要真正做到功能实用：一是要考虑人、设施与空间环境三者间的关系；二是充分考虑人的各种因素，才能设计出真正适合于人们使用的公共环境设施。

多功能自行车车架如图 2-18 所示。

图 2-18　多功能自行车车架

第五节
无障碍设施设计

无障碍设施设计这个概念名称始出现于 1974 年，是联合国提出的设计新主张，是指保障残障人士、老年人、孕妇、儿童等社会成员通行安全和使用便利，在建设工程中配套建设的服务设施，包括无障碍通道（路）、电（楼）梯、平台、房间、卫生间席位、盲文标识和音响提示，以及通信信息交流等相关生活的设施。

障碍类型主要分为听觉障碍、视觉障碍和移动障碍三类。

1. 听觉障碍

全聋和借助助听器获得听力都属于听觉障碍。对于这类人群可以通过在设施中加入信息字幕或手语的方式，利用视觉传达信息。也可以从这类设施的材料入手，选用吸音性能好的材料，排除多余杂音保障助听器的良好接收。

2. 视觉障碍

全盲和弱视都属于视觉障碍。对于全盲人群，在设计公共环境设施时，可以借助盲文和声音指引可通行的方向及位置；对于弱视人群，可以借助强光或醒目色彩；对于视觉障碍人群，可使用的无障碍设施包括信号机、振动人行横道标识机、盲道（见图2-19）等。视觉残疾者是依赖自身的触觉、听觉、光感采集环境信息的。因此，在其行进路线上应设置导盲地砖、盲文标识牌或触摸引导图以及音响装置。盲道的铺设要注意中途不能有障碍物，保持盲道的连续性，当人行道为弧形路线时，行进盲道宜与人行横道走向一致，盲道触感块的表面高度与地面装饰材料的表面高度要保持一致。

3. 移动障碍

借助轮椅和拐杖行走都属于移动障碍。对于轮椅使用者，为避免轮椅在坡面翻倒，轮椅坡道应设计成直线形、直角形或折返形，不应设计成圆形或弧形。坡道（见图2-20）、走道、楼梯为残障人士等设上下两层扶手时，上层扶手高度为90 mm，下层扶手高度为65 mm；轮椅坡道起点、终点和中间休息平台的水平长度不应小于1 500 mm；轮椅坡道侧面凌空时，在扶手栏杆下端宜设高度不小于100 mm的轮椅坡道安全挡台；洗手台等操作台面周围要留有适当的空间。

图 2-19 盲道   图 2-20 坡道

残障人士专用厕所如图2-21所示。

除了针对残障人士设计的无障碍设施，城市公共环境无障碍设施还包括适用于老人、儿童、孕妇等所有有需要人士的设施，无障碍设计正在向通用设计靠拢。经过多年的努力，我国无障碍设施建设，已经走在了发展中国家大城市的前列，但与国际大都市无障碍化建设要求还有一定差距。无障碍设施设计在发达国家已向通用设计转变，对无障碍设施的重视程度，体现着社会间人与人的平等性及各个国家的社会文明程度。

国外无障碍楼梯如图2-22所示。

图 2-21 残障人士专用厕所   图 2-22 国外无障碍楼梯

第三章

公共环境设施设计的原则、构思与程序

GONGGONG HUANJING SHESHI SHEJI DE YUANZE、GOUSI YU CHENGXU

第一节
公共环境设施的设计原则

公共环境设施的设计原则如下。

1. 易用性原则

易用性是设计公共环境设施时必须考虑的原则性问题，比如公共汽车上的拉手，要考虑使用人群的高度，方便乘客使用，如图3-1和图3-2所示。

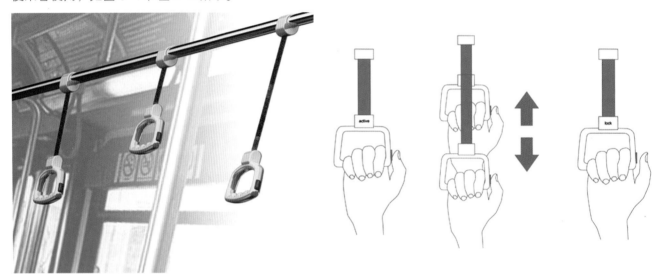

图3-1　拉手的效果图　　　　　　　　　　　　　　图3-2　拉手的示意图

2. 安全性原则

公共环境设施设计的安全性原则是指设计者在设计时应考虑材料、结构及工艺等的安全性，应尽量避免对使用者造成安全隐患。

3. 系统化原则

设计的系统化原则（见图3-3）体现在两个方面：一是公共环境设施的设计必须从整体出发，其形态、颜色、材质和尺寸等设计要素要与特定空间环境相融合，增强环境的可识别性和整体统一性，而且公共环境设施生产方式的系统优化能降低设计的成本，设施零部件的标准化生产，方便了后期的维修；二是公共环境设施的建设、管理的整体性与系统化发展，它是城市系统规划的一部分，公共环境设施设计与整个城市的系统规划同步，成为城市整体建设中的一部分。

4. 独特性原则

公共环境设施设计是环境设计的延续，为了突出环境设计的特征，往往采用专项设计、小批量生产。设计者在设计时，人与环境的因素已经摆在了突出重要的位置。随着当代加工工艺与生产技术的进步，早期工业设计的大批量化生产正在向人性化、个性化的小批量生产方式转移。

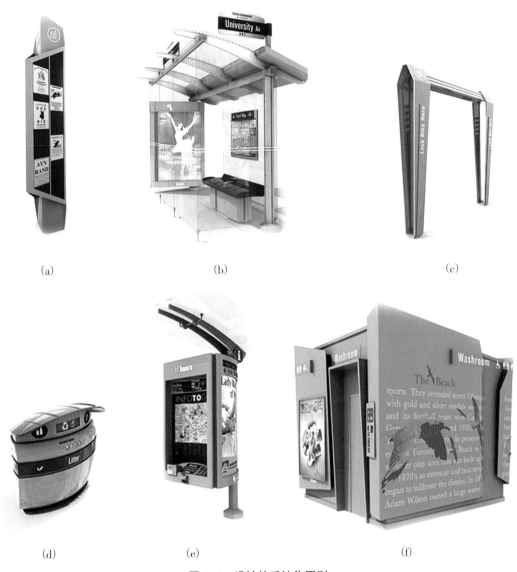

(a)   (b)   (c)

(d)   (e)   (f)

图 3-3　设计的系统化原则

青岛啤酒博物馆独特性设计如图 3-4 所示。

图 3-4　青岛啤酒博物馆独特性设计

5. 公平性原则

公平性原则在设计中被表述为普通原则或广泛设计原则，在我国则较多地被表述为无障碍设计。公平性原则是赋予每一个人尤其是弱势群体享有使用公共环境设施的权利。对于城市公共环境设施而言，其公平性显得尤为重要。公共环境设施的初衷便是为大众服务，无论是功能上还是形式上，体现出最大的公平性便是公共环境设施设计的关键之一。

6. 人文与地域性原则

苏联学者卡冈认为：文化是人类活动的各种方式和产品的总和，包括物质生产、精神生产和艺术生产的范围，即包括社会的人的能动性形式的全部丰富性。文化的传承融汇在人们的思想意识中，具有一定的地域性和时代性，设计者通过研究心理学和人类设计学，了解人们的不同需求，挖掘城市的文化内涵，设计出符合城市特点的公共环境设施。图3-5所示为山东潍坊市的剪纸候车亭。潍坊以风筝、剪纸、木版年画等传统民间艺术闻名全国，剪纸候车亭中部嵌有大幅的剪纸作为装饰，具有浓郁的民俗风情，在街头向市民和游客昭示了潍坊市的城市特色，既美化了城市，又形成了独特的城市风景。

日本创意电话亭如图3-6所示。

图3-5　山东潍坊市的剪纸候车亭

图3-6　日本创意电话亭

7. 审美性原则

公共环境设施的设计，除了考虑其功能因素外，还要运用形式美的法则进行美的形式设计。审美性原则主要包括形式美和形式美法则。

形式美是指在设计中，设计者要把公共环境设施当作一个美的载体来实现。

形式美法则是创造视觉美感，指导一切创造性设计活动的原则，随着社会的发展，设计者只有灵活运用形式美法则，才能创造出更新、更美的公共环境设施。形式美法则主要包括对比与统一、对称与均衡、节奏与韵律等。设计者运用形式美法则，把握公共环境设施个体的形态结构与整体空间环境的协调关系等，使公共环境设施具有很好的节奏和韵律，并充分考虑材质、色彩的美感，结合施工过程中的各种技术要求，形成造型新颖、内容健康、具有艺术美感的公共环境设施作品。

1）对比与统一

对比是把两个反差大的要素结合起来。它可以使主题特点突出、个性鲜明。统一是在两种或两种以上要素中寻找一种协调的因素，从而获取一种整体的效果。对比与统一（见图3-7）相得益彰，缺一不可。因此，设计者在设计公共环境设施时，需要注意整体的协调统一，同时又有适度的对比变化。

2）对称与均衡

对称符合人的审美习惯，给人以美的感受。对称给人一种自然、和谐的美感，使人感觉舒服、稳重。但完全绝对的对称，会产生单调、枯燥、乏味的感觉。均衡给人一种平衡的感觉，均衡相比对称给人一种更动态的美。设计者在设计公共环境设施时使用这两种美的规律，可在整体对称的风格中加入局部不对称因素，就会产生一种均衡的动态美，从而产生意想不到的效果。

对称与均衡如图3-8所示。

图3-7 对比与统一

图3-8 对称与均衡

3）节奏与韵律

节奏是指同一要素连续重复所产生的运动感，比如同样的结构变化或材料的变化反复出现，产生一种类似音乐的感官体验。韵律是元素有节奏的反复变化而出现连续的起伏变化，使人产生一种井然有序、有规律的感觉。设计者可将节奏与韵律的形式美法则运用到公共环境设施设计中，它们可以用来提高设计产品的质量，并给使用者带来美好的感官体验。

节奏与韵律如图3-9所示。

图3-9 节奏与韵律

8．合理性原则

公共环境设施设计的合理性原则主要表现在功能适度与材料合理两个方面。比如，设计者在设计公共座椅时，除了满足基本坐的功能基础外，还要考虑公共座椅所处的室外环境，选择材料时还要考虑坚固耐用的特点。设计者在设计公共环境设施时要注意实用性，如我国正在逐渐实现由公用电话亭（见图3-10）转换为Wi-Fi热点的做法。因为智能手机热潮的兴起，公用电话亭已经被这股浪潮所抛弃，大多数公用电话亭平均每天只使用一次，还需要定期保养，造成了经济上的损失。这些公用电话亭转换为 Wi-Fi 热点后，将有助于巩固当前分布不均和速度较慢的 3G 网络，提升用户体验，并给新用户提供更多的使用空间，为电话技术的巨大转变提供了完美的解决方案。

(a)   (b)

图 3-10　公用电话亭

9. 环保性原则

环保性原则的三要素为材料减少（reduce）、再利用（reuse）和再循环（recycle），简称 3R，现已广泛应用于绝大多数设计领域。它要求设计师在材料选择、设施结构、生产工艺、设施的使用与废弃处理等各个环节通盘考虑节约资源与环境保护。

再生塑料家具的成型与效果图如图 3-11 所示。

(a)   (b)

图 3-11　再生塑料家具的成型与效果图

(c)

(d)

(e)

(f)

续图 3-11

第二节

设计构思

在设计中，设计者常采用多种设计构思手法来表达作品。设计构思方法大致可分为以下几种。

一、定向设计

定向设计就是根据公共环境设施和人们的需求而进行的设计，它是一种目的性非常明确的解决实际问题的设计方法。公共环境设施设计除了受该地区各种人文、地理条件的限制外，还受到人们的性别、年龄、职业、生活习惯等的影响。因此，设计者在进行设计时要围绕以上目的进行深度理解与剖析。

二、逆向设计

逆向设计是把习惯性的思维反向逆转，从事物的对立面探求出路的设计构思方式，即原型—反向思维—设计新的作品的思维方式。逆向思考的方法使得人们从绝对观念中解脱，这种构思方法也可以促使设计者获取一定的想象力而创造出新的作品。

三、仿生设计

仿生设计是指设计者通过研究自然界生物系统的功能、结构、色彩等特征，在设计过程中有选择地应用这些特征进行设计，同时结合仿生学的研究成果，为设计提供新的思想和新的途径。仿生设计作为人类社会生产活动与自然界的契合点，使人类社会与自然达到了高度统一，仿生设计表达成为设计者常用的设计手法。

仿生设计手法的运用如图 3-12 和图 3-13 所示。

四、组合设计

组合设计又称多功能设计，是将多种功能集于一体的设计方法，主要着重于功能的研究。功能性是任何一件物品的根本，抓住了功能就抓住了本质，多功能的公共环境设施受到社会的普遍欢迎。

多功能设计手法的运用如图 3-14 所示。

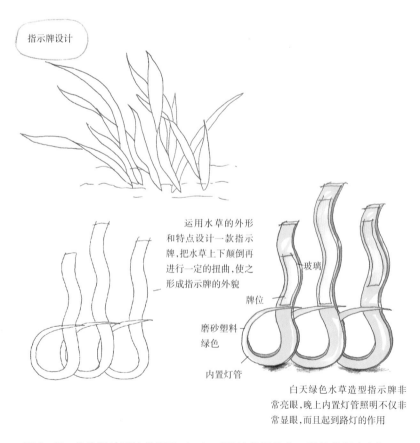

图 3-12　仿生设计手法的运用（一）（设计者温莎莎，指导教师李卓）

（a）　　　　　　　　　　　　（b）

（c）

图 3-13　仿生设计手法的运用（二）

（a）座椅＋广告牌

图 3-14　多功能设计手法的运用

（b）坡道 + 广告牌   （c）遮阳棚 + 广告牌

续图 3-14

五、模块化设计

模块化设计是指对一定范围内的不同功能或功能相同但性能、规格不同的产品进行功能分析的基础上，创建并设计出一系列功能模块，通过模块的选择和组合构成不同的产品，以满足市场需求的设计方法。按功能的不同，模块可分为基本模块（实现基本功能）、辅助模块（连接各基本模块以实现系统功能）和可选模块（根据客户需要特别增加的模块）。各模块又包含若干功能相同而性能不同的子块。

城市公共环境设施模块可分为功能模块、形体模块和外观装饰模块三大类。模块化设计手法的运用如图 3-15 所示。

（a）   （b）

（c）   （d）

图 3-15　模块化设计手法的运用

六、趣味化设计

在满足基本功能的基础上，增强趣味化设计，能够很好地提升产品的娱乐性，增进与人的互动性。
趣味化设计手法的运用如图 3-16 所示。

(a)   (b)

图 3-16　趣味化设计手法的运用

◀ **第三节**
设计程序

一、调研分析

1. 资料收集

收集相关资料以便对将要设计的对象有个初步的概念。这些资料主要包括人文类资料、工程技术类资料、经济类资料等。

2. 现状调研

调研主要分为两种：直接调研和间接调研。

直接调研即实地调研，通过对现有的公共环境设施的分析与对比，将优点与缺点分析透彻，取其精华，去其糟粕，以便设计出更好的公共环境设施。

间接调研，通过信息和资料，掌握有关政策法规、经济技术条件，了解先进国家公共环境设施的情况，结合地域特性，以便设计出更好的公共环境设施。

3. 综合分析

设计者在收集、调研各种基本资料以后，必须从分析入手，对收集的资料进行分析、整理，以便归纳出详细的、有针对性的信息，为设计过程做好准备。综合分析主要分成纵向分析和横向分析两个方面。

1）纵向分析

纵向分析是从设施产品本身进行分析，包括该设施的发展、演变、技术影响，从而形成一条纵向的分析链。

2）横向分析

首先，横向分析从同类相关的设施产品中进行分析，寻找它们的相同点和不同点，如公共座椅与垃圾桶、售货亭和候车亭等，同一时期的不同功能的设施排列在一起形成横向的分析链。

其次，通过横向分析得出若干问题，并归类分组排列，把同类的问题和不同类的问题放在一起比较，以此发现主要矛盾和次要矛盾，从中找出需要重点解决的问题。

最后，通过综合上述资料和综合产品、环境、行为三大要素，得出解决问题的基本方向。

二、寻求答案

设计者通过调查、分析、比较来了解现状和存在的问题，就可以开始寻求解决问题的方法和答案。

1. 计划提案

根据已提出的设计问题，确定具体可行的设计理念、设计风格，以便更好地制订设计任务的时间计划表。

2. 设计依据

公共环境设施与建筑、街道、广场等沟通构成了城市的形象，表现了城市的气质和性格，所以，设计者在进行公共环境设施设计时必须全方位考虑。公共环境设施设计的依据有如下几个方面。

（1）符合人体尺度，包括各种设施的细节尺寸以及使用这些设施所需要的空间范围。

（2）符合设施设计要求，包括可供选用的装饰材料和可行的施工工艺。由设计设想变成现实，必须动用可供选用的装饰材料。采用现实可行的施工工艺，这些依据条件必须在开始设计时就考虑到，以保证设计图的实施。

（3）业主已确定的投资限额、建设标准，以及设计任务要求的工程施工期限。

（4）公共环境设施的结构构成、构件尺寸，设施管线等的尺寸和制约条件。

（5）各种施工规范（包括安全规范、消防规范等），以及当地城市设计规范等。

三、方案构思

1. 勾画草图

在设计过程中，草图不仅可以记录设计者的设计思路，而且可以给设计者带来瞬间的设计灵感。所以，勾画草画（见图3-17）是一个开拓思路的过程，也是一种图形化的思考和表达方式。勾画草图是一个非常重要的步骤，许多精妙的创意就有可能产生于草图中，不仅有利于设计者更深入地了解设计对象，更有利于方案的逐步完善。

2. 方案推敲与深化

设计者在经过了勾画草图阶段后，会得到许多设计创意。方案推敲阶段最重要的就是比较、综合、提炼这些草图，希望能够得到基本成熟的方案。市场需求、功能需求、技术需求、经济需求等不以设计者意志为转移的硬性条件是推敲的重点。

设计者应进一步延伸构思，针对被淘汰的草图，仔细分析其是否存在可取之处。针对可取之处，分析如何能

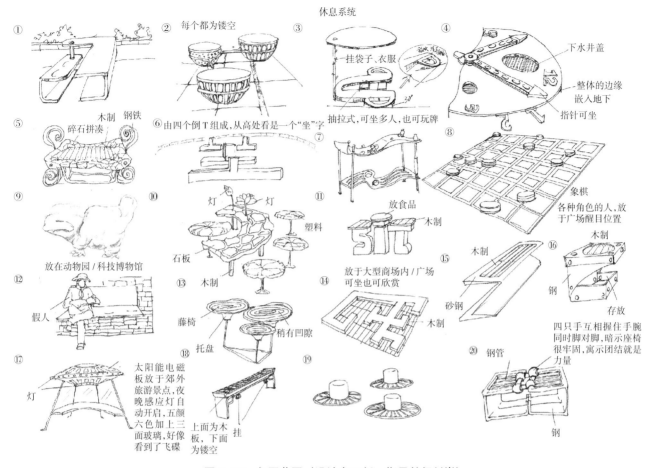

图 3-17 勾画草图（设计者王新，指导教师刘巍）

够完善现有方案；针对不可取之处，分析现有方案是否存在相同的问题或将来是否会出现这样的问题；针对已被选出的方案，从功能性出发，如考虑其多功能性。

初步方案基本确立后，设计者需要做的就是将草图转化为图纸，从中解决相关的材料、施工方法、结构等问题。

方案深化阶段是对原有方案的深化与完善。

四、设计表现

设计表现是直观表现公共环境设施的艺术效果和施工图纸，是指用文字和图纸将公共环境设施的设计思想、技术表达等细节描述清楚，以方便生产和施工。设计者甚至可以按比例制作模型，以便产生直观效果。设计表达是设计的重要环节，它体现出公共环境设施作为艺术设计最有说服力的一面。

三视图、手绘效果图如图 3-18 所示，计算机效果图如图 3-19 所示。

五、项目实施

项目实施是一个系统工程，需要许多工作人员和多个工作部门的协同工作。项目实施大体包含了设计调整、材料工艺、成本预算、安装配套四个方面。

1. 设计调整

调整的内容一般不涉及设计对象的色彩、形态，最主要的是根据各个工作部门提供的施工建议和结构建议修改设计对象的细节。遇到问题时需要设计者正确判断，提出合理化解决方法。

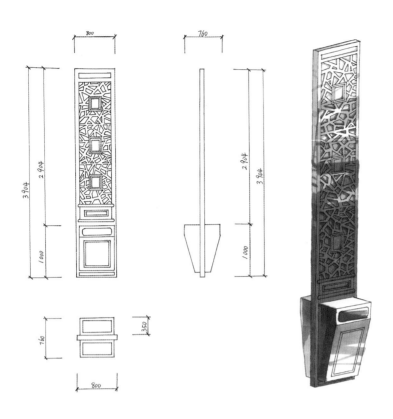

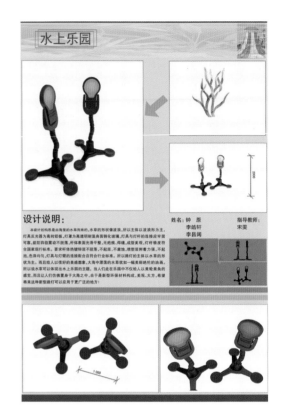

图 3-18 三视图、效果图（设计者李倩，
制图者曹子娇，指导教师宋雯）

图 3-19 计算机效果图（设计者钟原、李皓
轩、李昌阔，指导教师宋雯）

2. 材料工艺

材料的更新变化相当快，这就需要设计者始终关注材料市场的发展情况，要清楚材料的实际效果、色彩、质地、适用领域、价格等。另外，有些设计者可能不熟悉材料的某些工艺，这就需要与材料供应商和施工人员沟通，从而了解材料的基本施工方法，对设计进行进一步修改和微调。

调整的方向包括材料与材料之间的连接方法、材料的模数与设计对象的尺寸关系、材料质地与使用功能的关系、两种材料是否能够连接等。

3. 成本预算

成本预算一般由相应的工作部门专门负责。编制工程成本预算书在整个成本控制中是重要的一项工作，预算书是甲乙双方签订合同的重要依据，是审价审计的重要依据，是工程造价的重要技术性文件，是支付和取得工程进度款以及工程竣工结算的重要依据，也是考核工程设计是否经济合理和施工单位管理水平的重要依据。

4. 安装配套

经过所有的程序之后，设计最终进入了真正的实施阶段。虽然有施工监理负责管理，但也需要设计者经常亲临施工现场，保证按设计方案实施工程。

六、设计评价

在设计施工结束之后，设计的工作并不是全部结束了，还需要针对已经完成的作品进行评价。这个阶段的评价容易被人们忽视，但它却是最重要的，应以科学的方法和体系来评价其使用情况、社会的反馈、经济效益等。例如，陕西省西安大唐芙蓉园游览区的建设完成后要从功能性、艺术性、经济性、科学性四个方面对公共环境设施设计做综合评价。

《女史箴座》户外座椅案例如图 3-20 至图 3-23 所示。

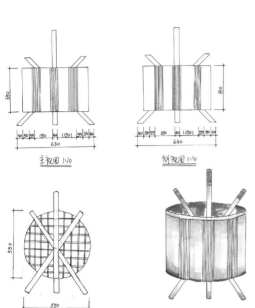

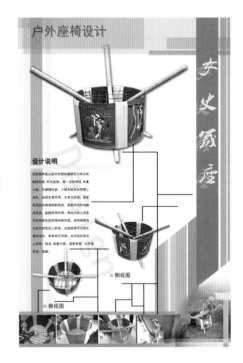

图 3-20　《女史箴座》的三视图（设计者邰瑞红，
指导教师张洪双）

图 3-21　《女史箴座》的展板（设计者
邰瑞红，指导教师张洪双）

图 3-22　《女史箴座》的立面图（设计者邰瑞红，指导教师张洪双）

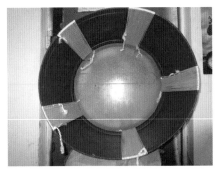  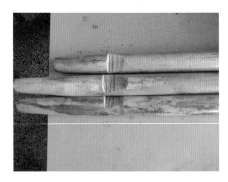

图 3-23　《女史箴座》的制作过程（设计者邰瑞红，指导教师张洪双）

　　大唐芙蓉园位于陕西省西安市曲江新区，占地面积 1 000 亩（1 亩 =667 平方米），其中水面 300 亩，总投资 13 亿元，是西北地区最大的文化主题公园，建于唐代芙蓉园遗址以北，是中国第一个全方位展示盛唐风貌的大型皇家园林式文化主题公园。全园景观分为十二个文化主题区域，从帝王、诗歌、民间、饮食、女性、茶文化、宗教、科技、外交、科举、歌舞、大门特色等方面全方位再现了大唐盛世的灿烂文化。大唐芙蓉园创下了多项纪录，有全球最大的水景表演，是首个"五感"（视觉、听觉、嗅觉、触觉和味觉）主题公园，是全国最大的仿唐皇家建筑群，集中国园林及建筑艺术之大成。

　　大唐芙蓉园景观与公共环境设施如图 3-24 所示。

(a)　　　　　　　　　　　　　　　　　　　　(b)

图 3-24　大唐芙蓉园景观与公共环境设施

(c)

(d)

(e)

(f)

续图 3-24

(g)

(h)

(i)

(j)

续图 3-24

第四章

园林景观区公共环境设施设计

YUANLIN JINGGUANQU GONGGONG HUANJING SHESHI SHEJI

第一节
城市园林景观空间

一、城市公园的兴起与发展

城市公园是城市公共园林的简称，是满足城市居民的休闲需要，提供休息、游览、锻炼、交往，以及举办各种集体文化活动的场所。城市园林是伴随着工业革命的发展而日渐兴起的，其中具有代表性的就是英国的海德公园。该公园占地面积 360 余英亩（1 英亩 =0.405 公顷），对市民免费开放，可以说是城市园林产生的标志。这也真正意味着城市开始为市民设置专有开放性的公共绿色空间。

海德公园平面图如图 4-1 所示。

图 4-1　海德公园平面图

城市公园的发展经历了风景式田园风格时期、规则式几何风格时期、实用主义风格时期、公众性露天风格时期、多元化风格时期。每一时期都有自己的风格特点，下面介绍前两种风格。

风景式田园风格主张"园宜入画"，在改造中借鉴风景画手法，摒弃花卉和建筑，通过在大片的草坪上配置一簇簇树木，还有弯曲的沙土园路和自然的水面，形成了田园般的景观。这一时期的城市公园以纽约中央公园（见图 4-2）为代表。纽约中央公园坐落在曼哈顿正中，占地面积 843 英亩，被誉为纽约的"后花园"。

图 4-2　纽约中央公园

规则式几何风格在形式上受到法国文艺复兴的规则园林的影响，通过明确的轴线组织一系列的宽大草坪、规则的花圃、整齐的林荫道和纪念性喷泉，形成逻辑清晰的开敞空间。虽然在形式上看似保守和复古，实质上是为了创造宽敞的露天场所，为市民提供更多的休闲娱乐设施和集体运动场地。这一时期的突出代表是美国芝加哥的格兰特公园。

二、城市园林景观区的类型

公园是城市园林绿化的精华，也是一个城市历史文化的缩影。我国现有的公园类型如下。

1. 综合公园

综合公园是指适合于公众开展各类户外活动的、规模较大的、有相应设施的绿地。综合公园包括全市性公园和区域性公园，如大连劳动公园等。

2. 社区公园

社区公园是指为一定居住用地范围内的居民服务，具有一定活动内容和设施的集中绿地。

3. 专类公园

专类公园是指具有特定内容或形式的绿地，包括植物园、动物园、儿童公园、纪念性公园等。

大连森林动物园如图 4-3 所示。

4. 带状公园

带状公园是指沿城市道路、城墙、水滨等，有一定休憩设施的狭长绿地。带状公园常常结合城市道路、水系、城墙而建设，是绿地中颇具特色的构成要素，承担着城市生态廊道的职能。带状公园的宽度受用地条件的影响，

图 4-3　大连森林动物园

一般呈狭长形，以绿化为主，辅以简单的设施，如大连西山湖公园（见图 4-4）。

(a)

(b)

图 4-4　大连西山湖公园

第二节
城市园林景观区公共环境设施设计

　　园林景观的另一个人性化考虑就是设施的便民性。设计者在设计园林景观时，要充分考虑游客在游园过程中的行为状态，要让游客能及时、高效地利用这些设施。

一、公共信息设施

标识系统，是一种信息传递的形式，指任何带有被设计成文字或图形的视觉展示，用来传递信息或吸引注意力，综合解决信息传递、识别和形象传递等功能。旅游景区标识系统包括以下五大类型。

1. 导游全景图（景区总平面图）

导游全景图包含景区全景地图、景区文字介绍、游客须知、景点相关信息、服务管理部门电话等。

乌镇东栅景区游览图如图4-5所示。

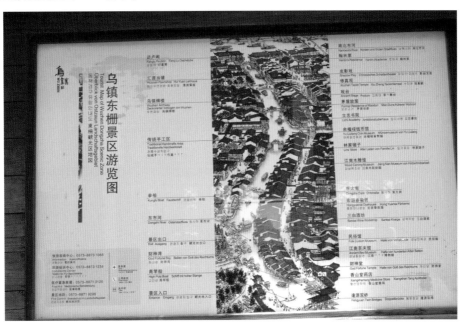

图4-5　乌镇东栅景区游览图

2. 景区、景点介绍牌

景区、景点介绍牌是指景区、景点的相关来历、典故的综合介绍，包括景点说明牌、区域导游图等。这类介绍牌能够提供景区、景点的详细信息，在园林景观环境中随处可见。

故宫中和殿景点介绍牌如图4-6所示。

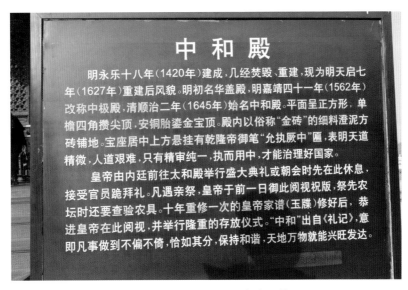

图4-6　故宫中和殿景点介绍牌

3. 道路导向指示牌

道路导向指示牌包括道路指示、公厕指示、停车场指示等。道路导向指示牌引导人前往目的地，它是人们明确行动路线的工具。

道路导向指示牌如图 4-7 所示。

图 4-7　道路导向指示牌

4. 警示牌

警示牌是指提示游客注意安全及保护环境等一些温馨、警戒、警示标识。警示牌如图 4-8 所示。

5. 服务设施名称标识

服务设施名称标识是指位于售票处、出入口、游客中心、医疗点、购物中心、厕所、游览车的上下站等地方的标识。

各类标识均应满足以下设计要求：

(1) 提供有序化的信息；

(2) 以创造性的构思，构筑地域性的标识，提高环境的整体质量；

(3) 以造型、色彩、结构等特征引起人们关注，并提高人们理解信息与采取行动的能力。

二、公共休息设施

1. 座椅

座椅是便于人们休息、进行交谈等活动的主要设施。座椅因为设置在户外，一方面要保证椅子的坚固耐用，不易损坏，另一方面要给人亲和舒适的感受。座椅在造型设计上应力图简约、自然、整体，椅面与靠背的高度、长宽、倾斜度都要依据人体工程学来确定，从而确保人们坐得舒服。如图 4-9 所示，座椅的形式也是多种多样的，有条形座椅、围合形座椅、弧形座椅、L 形座椅等多种形式，不同形式的座椅为娱乐和休息提供了多种可能性。

图 4-8 警示牌

(a)

(b)

(c)

(d)

图 4-9 各种形式的座椅

(e)　　　　　　　　　　　　　　　　　　　(f)

续图 4-9

2. 凉亭

凉亭具有休息、赏景、点景等多种功能。一是，凉亭可防日晒、雨淋、消暑纳凉，是园林中游人休息之处；二是，凉亭作为一种景观建筑，常常以空间环境主体的形式出现，构成视觉景物的趣味中心，让人们从各个方向来欣赏；三是，凉亭强调其虚空的内部与周围的空间环境之间的联系，并通过建筑造型的外在形象，在周围空间中起到点景的作用。"江山无限景，都取一亭中。"这就是亭子的作用，就是把外界大空间的无限景色都吸收进来，起到赏景的作用。

中国古典园林中的亭子大多是用木、竹、砖、石、茅草建造的，而现代亭子除了用传统材料外，还运用了许多新材料，如混凝土、防腐木、玻璃以及 PC 板等材料。

各种形式的凉亭如图 4-10 所示。

(a)　　　　　　　　　　　　　　　　　　　(b)

图 4-10　各种形式的凉亭

(c)　　　　　　　　　　(d)　　　　　　　　　　(e)

续图 4-10

三、公共卫生设施

1. 公共厕所

公共厕所是满足人们生理功能需要的必备设施，是展示现代社会文明形象的窗口。

公共厕所的设计要求包括如下几个方面的内容。

（1）公共厕所应适当增加女厕的建筑面积和厕位数量。公共厕所的男厕与女厕的建筑面积比例宜为 1∶1 至 2∶3。如独立式公共厕所男厕与女厕的建筑面积比例宜为 1∶1，商业区域内公共厕所男厕与女厕的建筑面积比例宜为 2∶3。

（2）在厕所厕位隔间和厕所间内，应为人体的出入、转身提供必需的无障碍空间。

（3）独立式公共厕所的外部宜进行绿化屏蔽，美化环境。独立式公共厕所的走道和门等均应进行无障碍设计。

（4）活动式公共厕所的设计应便于移动、存储和便于安装、拆卸；应有通用或专用的运输工具和粪便收运车辆；与外部设施的连接应快速、简便；色彩和外观应能与多种环境协调；使用功能应做到卫生、节水和防臭。

各种造型的公共厕所如图 4-11 所示。

(a)　　　　　　　　　　　　　　　　(b)

图 4-11　各种造型的公共厕所

(c)

(d)

续图 4-11

2. 垃圾箱

垃圾的分类放置体现了人类为保护家园付诸了实际行动。设计者从色彩、图形符号、容器的造型以及特殊的感应技术等方面来设计垃圾箱，从视觉效果上大大提高了人们的分类意识和行为。分类垃圾箱是把垃圾细分为可回收垃圾和不可回收垃圾、有机垃圾和无机垃圾、回收垃圾和其他垃圾等两箱式，有时还增加有毒垃圾分类的三箱式。根据垃圾箱的放置形式又可将其大致分为直立式、悬挂式和埋藏式三种。直立式垃圾箱极为普遍；悬挂式垃圾箱可供空间狭小或对环境有某种要求的特殊场所选用；埋藏式垃圾箱不占地面空间，形式较为隐蔽，对周围环境影响较小。

垃圾箱的造型也是多种多样的，大致分为三种类型：第一种是几何造型，包括简单的圆筒和方体造型、单体几何形的组合，以及以几何形状为基础的变形加工等样式，如图 4-12 和图 4-13 所示；第二种是仿生形态，如布莱恩特公园的以植物为主题设计的郁金香垃圾桶，如图 4-14 所示；第三种则取材于生活中的事物或情景，具有一定的文化内涵和观赏性，可产生环境小品般的艺术效果，如图 4-15 和图 4-16 所示。

图 4-12 拙政园的垃圾桶

图 4-13 乌镇的垃圾桶

图 4-14　布莱恩特公园的垃圾桶

图 4-15　秘鲁的垃圾箱

随着科技的发展，垃圾桶具备了更多的功能，如垃圾桶配备了液晶面板，可以显示市场信息、紧急警报等信息，起到了广告作用，如图 4-17 所示。垃圾桶也可以设计得很简单，只需满足基本的收纳功能，如图 4-18 所示。

图 4-16　大连森林动物园的垃圾箱

图 4-17　伦敦的垃圾箱

图 4-18　巴黎的垃圾桶

在国外，还有专为狗设置的宠物粪便收集箱（见图 4-19），有些还配有塑料袋，方便狗主人及时处理粪便。

3. 公共饮水器

公共饮水器是设置在广场、商业街、旅游景区等人群集中的公共场所，为人们提供直接饮用水的一种自来水装置。公共饮水器的历史在国外由来已久，在我国大部分城市习惯称为公共直饮水机。

水与人们的生活有着密切的关系，公共饮水器的出现给人们带来了极大的方便。它的设置不仅使得公共场所充满了人文关怀与亲切感，同时，能避免丢弃各种包装瓶（袋）而引起的环境污染问题。造型美观的公共饮水器也起着丰富城市街道景观、提升城市形象的作用。因此，近些年来，伴随着我国城市化进程的加快，城市公共文明程度的提升，国内许多城市也陆续在公共场所中增加了方便市民的公共饮水器。

(a)

(b)

图 4-19　宠物粪便收集箱

　　城市公共饮水器（见图 4-20）设计应以共用性理念为准则，满足老年人、儿童和残障人士的生理需求与心理需求，使市民可以安全、舒适、正确地使用公共饮水器。例如海德公园的公共饮水器，其造型简洁独特，具有强大而实用的功能，根据不同使用者的使用需求，设置了 4 个独立的不同高度的饮水位置，如图 4-21 所示。

(a)

(b)

图 4-20　公共饮水器

(a)   (b)

图 4-21 海德公园的公共饮水器

公共饮水器的设计要求如下：①确定水源的位置，一般高度为 80 cm，儿童高度为 65 cm，同时还需考虑废水如何回收、排放等因素，避免因排水困难而引发水污染等意外；②水栓或出水龙头应易控制出水量，要有应对破损等紧急情形的处理办法。

第三节
香港迪士尼乐园

香港迪士尼乐园位于香港新界大屿山，占地面积 126 公顷，于 2005 年 9 月 12 日开园，是全球第 5 座迪士尼乐园，也是中国的首个世界级迪士尼主题乐园。乐园分为 7 个主题园区：美国小镇大街、探险世界、幻想世界、明日世界、反斗奇兵大本营、灰熊山谷及迷离庄园。园区内设有主题游乐设施、娱乐表演、互动体验、餐饮服务、商品店铺及小食亭。

不同的景区都设置了独特的公共环境设施，颜色鲜明，造型多样，使人置身于梦幻般的童话世界。

香港迪士尼乐园车站月台实景如图 4-22 所示。

图 4-22 香港迪士尼乐园车站月台实景

香港迪士尼乐园的公共环境设施如图 4-23 所示。

(a) 　　　　　　　　　　　　　　　　　　　(b)

(c) 　　　　　　　　　　　(d) 　　　　　　　　　　　(e)

(f) 　　　　　　　　　　　　　　　　　　　(g)

图 4-23　香港迪士尼乐园的公共环境设施

(h)　　　　　　　　　　(i)　　　　　　　　　　(j)

(k)　　　　　　　　　　(l)　　　　　　　　　　(m)

(n)　　　　　　　　　　(o)

续图 4-23

(p)

(q)

(r)

(s)

续图 4-23

第五章

广场公共环境设施设计

GUANGCHANG GONGGONG HUANJING SHESHI SHEJI

第一节

广场空间

一、广场的概念

广场是人与人的交流场所，是每个人参与社会获得认同并以之为归属的场所。

二、广场的类型

按广场的性质和性能的不同可分为集会广场、交通广场、纪念性广场、商业广场、休闲广场。

1. 集会广场

集会广场是指用于政治、文化、宗教集会、庆典、游行、检阅、礼仪以及传统民间节日活动的广场，主要分为市政广场和宗教广场两种类型。

市政广场是市民和政府进行沟通或举行全市性重要仪式的场所，多修建在市政厅和城市政治中心的所在地，为城市的核心，有着强烈的城市标志作用，是市民参与市政和城市管理的象征。这类广场还兼有游览、休闲、形象等多种象征功能，如天安门广场（见图 5-1）。

图 5-1 天安门广场

宗教广场多修建在教堂、寺庙的前方，主要为举行宗教庆典仪式服务。这是早期广场的主要类型，在广场上一般设有尖塔、台阶等设施，以便进行宗教礼仪活动。历史上的宗教广场有时与商业广场结合在一起，而现代的宗教广场已逐渐起市政或娱乐休闲广场的作用，多出现在宗教发达国家的城市，如罗马的圣彼得广场（见图5-2）、卡比多广场等。

图5-2　圣彼得广场

2. 交通广场

交通广场分为两大类：道路交通广场和交通集散广场。交通广场是城市交通系统的重要组成部分，主要起到交通实用功能，为解决复杂的交通问题，在规划上需要配置相对数量的停车场，用来分隔人流、车流。

道路交通广场是道路交叉口的扩大，用以疏导多条道路交汇所产生的不同流向的车流与人流交通，例如大型的环形岛、立体交叉广场和桥头广场等。道路交通广场常被精心绿化，或设有标志性建筑、雕塑、喷泉等，形成道路的对景，美化、丰富城市景观，一般不涉及人的公共活动，如大连友好广场、大连港湾广场都是道路交通广场。

交通集散广场是指火车站、机场、码头、长途车站、地铁等交通枢纽站前的广场或剧场、体育馆、展览馆等大型公共建筑物前的广场，主要作用是解决人流、车流的交通集散，实现广场上车辆与行人互不干扰、畅通无阻，具有交通组织和管理的功能，同时还具有修饰街景的作用。

火车站站前广场如图5-3所示。

图5-3　火车站站前广场

3. 纪念性广场

纪念性广场具有很强的政治意义，其主要目的是为了缅怀某个人或者某件历史事件，在城市中建造的一种主要用于重要庆典活动或纪念性活动的广场。纪念性广场应突出某一主题，创造与主题相一致的环境气氛。纪念性广场的构成要素主要是碑刻、雕塑、纪念建筑等，主体标志物通常位于广场中心，前庭或四周多设有园林，供群众瞻仰、纪念或进行传统教育。纪念性广场具有雄伟、庄重、宁静、肃穆、感染力强等特点，如南昌八一广场（见图5-4）等。

图5-4　南昌八一广场

4. 商业广场

商业广场通常设在商场、餐饮、旅馆及文化娱乐设施集中的城市商业繁华地区，集购物、休息、娱乐、观赏、饮食、社交于一体，是最能体现城市生活特色的广场之一。商业广场多结合商业街布局，建筑内外空间相互渗透，娱乐与服务设施齐全，在座椅、雕塑、绿化、喷泉、铺装、灯具等公共环境设施的尺度和内容上，更注重商业化、生活化，富有人情味。

都柏林的大运河广场如图5-5所示。

图5-5　都柏林的大运河广场

5. 休闲广场

休闲广场是城市中供人们休息、游玩、演出及举行各种娱乐活动的重要场所。

第二节
广场公共环境设施设计

一、广场照明设施

城市环境离不开现代化的环境照明。城市广场是一个城市外在形象的反映，城市广场的夜景更是一个城市发展状态的综合体现。城市文化广场的夜景照明艺术不仅要考虑广场本身的主题定位和各个组成要素，还要结合广场周围的道路、建筑、景观和绿化的特点，在艺术设计上应选用与主题相符合、照度适中、色彩宜人的照明产品，使灯光亮暗区域对比适当、自然和谐，避免和减少眩光或溢散光对环境产生的光污染，以期共同营造出舒适宜人的夜景广场文化氛围。

广场照明设施可分为道路照明、识别性照明和装饰性照明三类。

道路照明是指反映道路特征的照明装置，为夜晚行人、车辆交通提供照明。根据道路空间的不同形态，选择不同的布光方式。在保证道路功能照明的前提下，选择造型优美、色彩明快的灯型、光源和灯具，并能反映整体广场的设计主题。

识别性照明是指各类场所照明、广告、招牌照明等，可增加识别度。

装饰性照明是指建筑外景观、景观特写照明，可渲染景观、烘托气氛。

根据灯杆高度和所处环境的不同，可分为低位置路灯、步行和散步道路灯、停车场和干道路灯、专用灯和高柱灯四种类型。

1. 低位置路灯

低位置路灯是指灯具位于人眼的高度以下，即 0.3～1 m 的路灯。它一般用于宅院、庭园、草坪、散步道等空间环境中，表现出一种亲切温馨的气氛，以较小的间距为人们行走的路径照明。埋设于地面和踏步中的脚灯（见图 5-6），嵌设于建筑入口踏步和墙裙的灯具就属于此类路灯。

图 5-6 脚灯

2. 步行和散步道路灯

步行和散步道路灯是指灯杆的高度在 1～4 m 之间的路灯，有筒灯、横向展开面灯、球灯和方向可以控制的罩灯等。这种路灯可设置于道路一侧，既可等距排列，也可自由布置。灯具和灯杆造型应有个性，要注重细节处理，以配合人们在中、近视距的观感。

多种形式的步行和散步道路灯如图 5-7 所示。

(a)

(b)

(c)

(d)

图 5-7　多种形式的步行和散步道路灯

3. 停车场和干道路灯

停车场和干道路灯是指灯杆的高度在 4～12 m 之间的路灯。对这种路灯的灯具设计要考虑控制光线投射角度，以防止对场所以外的环境造成干扰。

天安门广场的路灯如图 5-8 所示。

4. 专用灯和高杆灯

专用灯的高度在 6～10 m 之间，是指用于工厂、仓库、操场、加油站等一定空间内的照明装置。它的光照范围不局限于交通路面，还有场所中的有关设施及夜晚活动场所。

高杆灯也属于区域照明的装置，高度在 20～40 m 之间，光照范围要比专用灯大得多，一般用于站前广场、大型停车场、露天体育场、大型展览场、立体交叉区域等。在城市环境中，高杆灯具有较强的轴点和地标作用，有时也被称为灯塔。

图 5-8　天安门广场的路灯

二、公共配景设施

1. 雕塑

雕塑即城市雕塑，通常有纪念性雕塑、装饰性雕塑和主题雕塑三大类型。城市纪念性雕塑一般都设在城市广场或进入城市的主要通道处。文化广场的雕塑作品设计，往往与纪念性的建筑共同传达城市、民族、地域的人文背景，烙下时代的印记。广场的雕塑常以城市发展和城市突出事件、历史人物等来体现城市特色。

火炬雕塑如图 5-9 所示，纪念碑如图 5-10 所示。

图 5-9　火炬雕塑

图 5-10　纪念碑

2. 喷泉

喷泉又称喷水池，是指为美化环境而设的喷水装置。

变幻莫测的皇冠喷泉（见图 5-11）坐落于芝加哥千禧公园内。皇冠喷泉由两个 15 m 高的玻璃立方体组成，借助灯光和图像展现着它的千变万化。在玻璃立方体上显示着众多芝加哥人的头像，喷泉正好从这些人像的嘴里流出。

各种形式的喷泉如图 5-12 所示。

图 5-11　皇冠喷泉

(a)　　　　　　　　　　(b)　　　　　　　　　　(c)

图 5-12　各种形式的喷泉

3. 植物景观

植物景观是通过人工设计、栽植、养护等手段形成的植物造景。设计者通过巧妙地充分利用植物的形体、线条、色彩、质地进行构图，来表现植物造景的艺术化。利用植物造景要考虑植物的自然生长规律，做到"春天繁花盛开，夏季绿树成荫，秋季硕果累累，冬季枝干苍劲"的特定景观。

花坛（见图 5-13）作为主景时，大多设在大门和建筑前的广场上，或主要道路口交叉广场中心；花坛作为配景时，常设于道路、广场两侧，以带状、花缘和花径形式表现。花坛的色彩艳丽、明快，表现形式多样，因而可产生较强的景观效果。

图 5-13　花坛

4. 地面铺装

地面铺装是为了便于人们活动而铺设的地面，具有耐损防滑、防尘排水等性能，并以其导向性和装饰性的地面景观服务于整体环境。

各种形式的地面铺装如图 5-14 所示。

(a)　　　　　　　　　　　　　　　　　　　(b)

图 5-14　各种形式的地面铺装

第三节
星海广场

亚洲最大的城市广场位于大连南部海滨风景区的星海广场，从广场中央大道中心点往北为大连星海会展中心，往南为大连百年纪念城雕广场。星海广场（见图 5-15）原是星海湾的一个废弃盐场，星海湾改造工程开始于

1993 年，竣工于 1997 年。大连市政府利用建筑垃圾填海造地 114 公顷，开发土地 62 公顷，建成了总占地面积 176 公顷的星海广场。

图 5-15　星海广场

　　星海广场的规划特点是椭圆形广场，周边以高层建筑为主，都是高档住宅区、金融大厦、高级酒店，用建筑作为广场的收边。占地如此之大的星海广场，即使是周边的高层建筑，在与整个广场的体量对比上也就显得微不足道了。

　　星海广场周边的环境如图 5-16 所示。

　　广场中央设有全国最大的汉白玉华表（见图 5-17），高 19.97 米，直径 1.997 米，以此纪念香港回归祖国，华表底座和柱身共饰有九条巨龙，寓意九州华夏儿女都是龙的传人。华表广场地面用彩色方块釉砖铺成巨大的五角星图案；周围环绕着 50 组音乐喷泉点缀的环状水池，水池内侧设有五个花坛，与华表交相辉映，广场中心地面由 999 块红色大理石铺成，大理石地面上环刻着天干地支、二十四节气和十二生肖图案。

图 5-16　星海广场周边环境

图 5-17　星海广场的华表

　　为迎接 2008 年奥运会，环绕着星海广场环形绿化带设置了 30 组具有代表意义的竞技体育运动雕塑（见图 5-18），有篮球、排球、橄榄球、乒乓球、足球、羽毛球等，表达了大连人民对 2008 年奥运会的期待，也表达了大连人民对运动的热爱。每一组雕塑都动感极强、栩栩如生，充分表现出体育给人们带来的拼搏、奋进、顽强、向上的精神。

(a)

(b)

(c)

(d)

图 5-18　竞技体育运动雕塑

　　雕塑是用白色不锈钢网制成的，空心，经过成型、剪切、焊接、涂敷、粉末喷塑工艺等工序，简单的不锈钢网就将运动员的肌肉、表情、动作、姿态表现得淋漓尽致。从运动员的头部、肩部到腿和脚，都能显现出制作者的别具匠心。不锈钢网雕塑在世界体育史上也不多见，特别是不锈钢网制作的运动员的轮廓清晰、肌肉强健、动作协调、表情丰富，表现了纯粹的体育精神和运动理念。

　　大连百年纪念城雕广场包括两个部分：一部分是足迹浮雕，如图 5-19（a）至图 5-19（c）所示；另一部分是弧形似翻开的一本书的台式广场，如图 5-19（d）所示。足迹浮雕建于 1999 年 9 月 19 日，为纪念大连开埠建市 100 周年而建。足迹浮雕长 80 m，有百岁老人、刚出生的婴儿、老红军、老干部及各个行业有代表性人物的 1 000 双脚印踩出。这些脚印自北向南通向大海，是按着年龄排序的，排在第一行是 1899 年大连建市那年出生的，最后一行是 1999 年出生的，表明了大连的百年历史是由勤劳奋进的大连人民创造的。

(a)

(b)

(c)

(d)

图 5-19　大连百年纪念城雕广场

　　整个星海广场绿草茵茵，每隔 20 m 的航标石柱灯（见图 5-20）一线排开直通大海，典雅肃穆、宁静致远，象征着中国正面向大海，走向世界。

图 5-20　航标石柱灯

　　星海广场的雕塑如图 5-21 所示，星海广场的喷泉如图 5-22 所示，星海广场的休息椅及护栏如图 5-23 所示，星海广场的游乐设施如图 5-24 所示。

(a)　　　　　　　　　　　　　　　　　　　　(b)

(c)　　　　　　　　　　　　　　　　　　　　(d)

图 5-21　星海广场的雕塑

图 5-22 星海广场的喷泉

图 5-23 星海广场的休息椅及护栏

图 5-24 星海广场的游乐设施

第六章

居住区公共环境设施设计

JUZHUQU GONGGONG HUANJING SHESHI SHEJI

第一节
城市居住区空间

一、城市居住区概念

在我国的传统居住区规划理论中，居住区按照人口规模可分为三级：城市居住区、居住小区和居住组团。

城市居住区一般称居住区，泛指不同居住人口规模的居住生活聚居地和特指城市干道或自然分界线所围合，并与居住人口规模（30 000～50 000人）相对应，配建有一整套较完善的、能满足该区居民物质与文化生活所需的公共服务设施的居住生活聚居地。

居住小区一般称小区，是指被城市道路或自然分界线所围合，并与居住人口规模（10 000～15 000人）相对应，配建有一套能满足该区居民基本的物质与文化生活所需的公共服务设施的居住生活聚居地。

居住组团一般称组团，一般指被小区道路分隔，并与居住人口规模（1 000～3 000人）相对应，配建有居民所需的基层公共服务设施的居住生活聚居地。

城市居住区规模分类如表6-1所示。

表6-1 城市居住区规模分类

规　模	人口/人	户数/户	用地/公顷
城市居住区	30 000~50 000	10 000~16 000	50~100
居住小区	10 000~15 000	3 000~5 000	10~35
居住组团	1 000~3 000	300~1 000	4~6

二、城市居住区的规划设计的基本原则

城市居住区的规划设计的基本原则如下：

（1）符合城市总体规划的要求；

（2）符合统一规划、合理布局、因地制宜、综合开发、配套建设的原则；

（3）综合考虑所在城市的性质、社会经济、气候、民族习俗等地方特点和规划用地周围的环境条件，充分利用规划用地内有保留价值的河流水域、植被、道路、建筑物与构筑物等，并将其纳入规划；

（4）适应居民的活动规律，综合考虑采光、通风、防灾、配建设施及管理要求，创造安全、卫生、方便、舒适和优美的居住生活环境；

（5）为老年人、残障人士的生活和社会活动提供条件；

（6）为工业化生产、机械化施工和建筑群体、空间环境多样化创造条件；

（7）为商品化经营、社会化管理及分期实施创造条件；

（8）充分考虑社会、经济和环境三个方面的综合效益。

第二节
居住区公共环境设施设计

居住区也称住宅区，是由城市道路以及自然支线（如河流）划分，并不为交通干道所穿越的完整居住地段。住宅区一般设置一整套可满足居民日常生活需要的基础专业服务设施和管理机构。居住区的公共环境设施主要偏向游乐健身设施、卫生设施、交通设施、照明设施等，完善的公共设施是衡量居住区档次和舒适度的重要标准。本节主要介绍公共游乐设施设计、交通设施设计和信息设施设计，其他类别的公共环境设施设计已在其他章节介绍，此处不再赘述。

一、公共游乐设施

通常此类设施设置在游乐场、居民区、公园等公共环境中。

二、公共游乐设施类型

公共游乐设施包括儿童游乐设施和成人游乐设施两种类型。

1. 儿童游乐设施

设计者在设计儿童游乐设施时，要从整体出发系统地设计适于儿童游戏的设施，重视儿童的心理、生理及行为特征，以年龄为儿童分组活动的依据，不同年龄的儿童活动方式不尽相同。儿童的成长大致可分为 5 个重要阶段，不同年龄段的儿童心理和行为特征及适合的游乐设施如表 6-2 所示。

表 6-2　不同年龄段的儿童心理和行为特征及适合的游乐设施

年　　龄	心理和行为特征	游乐设施
<1.5 岁	这一时期的儿童主要靠听觉、视觉及触觉来感知外界,接受周围环境中的各种信息和刺激	处于观看和触摸阶段
1.5 ~ 3.5 岁	这一时期的儿童可以独立行走,并有自己的想法,但对事态发展缺少预见性,不能有意识地调节和控制自己的活动,仍需要父母看管	沙坑、晃动设施等
3.5 ~ 5.5 岁	这是儿童社会化迅速发展的阶段,儿童的感知、运动和语言功能进一步发展,活动和交往范围明显扩大,喜欢与周围环境广泛接触	秋千、滑梯、跷跷板、沙坑和变化多样的器具等
6 ~ 7 岁	这一阶段一般为入学儿童,心智已逐步开发,具有一定的具象逻辑思维能力,活动的体力强度加大,有一定的自我控制能力,开始有意识地参加集体活动和体育运动,对智力活动的兴趣增强	秋千、跷跷板、游戏墙、迷宫等
8 ~ 12 岁	随着身体的发育，这一时期的儿童能做比较用力和动作幅度较大的运动,如跑、跳、投、掷等活动,可以选择的游乐设施也相应增加	秋千、攀登架、迷宫、滑板场等

儿童游乐设施如图 6-1 所示。

(a)

(b)

(c)

图 6-1　儿童游乐设施

2. 儿童游乐设施的设计要点

1）沙坑

在儿童游戏中，沙坑是最重要的一种建筑型游戏形式。儿童踏入沙中就有轻松愉快之感，在沙地上，儿童可以凭借自身想象开挖、堆砌，虽然简单，却不失为激发儿童创造力的极好游戏设施。居住区的沙坑一般为 10～20 m²，沙坑中安置游乐器具的要适当加大面积，以确保基本活动空间，利于儿童之间的相互接触。沙坑选址最好在向阳处，既有利于儿童健康，又可给沙消毒。沙坑深 40～45 cm，沙子中必须以细沙为主，并经过冲洗。沙坑四周应竖 10～15 cm 的围沿，防止沙土流失或雨水灌入。围沿一般采用混凝土、塑料和木制，上可铺橡胶软垫。沙坑的维护应注意经常保持沙子的松软和清洁，定期更换沙料。沙坑内应敷设暗沟排水，防止动物在沙坑内排泄。

2）涉水池

与水亲近是儿童的天性，在用地较为宽松的儿童游乐场常常设置涉水池。在夏季，涉水池不仅可供儿童游戏，还可改善场地的小气候。涉水池水深以 15～30 cm 为宜，平面形式可丰富多样，亦可结合小亭子、小滑梯等建设。

3）游戏墙

游戏墙是深受儿童喜爱的游乐设施。其造型丰富多样，墙上布置大小不同的圆孔，可让儿童钻、爬、攀登，锻炼儿童的体力，增加趣味性，促进儿童的记忆和判断能力。墙体高控制在 1.2m 以下，供儿童跨越或骑乘，厚度为 15～35 cm。墙体顶部边沿应做成圆角，墙下铺软垫。墙体可设计成几组断开的墙面，也可设计成连成一体的长墙，墙面可用图案装饰，亦可做成白色的绘画墙，注意选择不宜褪色的涂料。

4）迷宫

迷宫由灌木丛或实墙组成，墙高一般在 0.9～1.5 m 之间，以能遮挡儿童视线为准，通道宽为 1.2 m。灌木丛或实墙需进行修剪以免划伤儿童。地面以碎石、卵石、水刷石等材料铺砌。

5）秋千

秋千可分为板式、座椅式、轮胎式几种。其场地尺寸根据秋千摆动幅度及与周围娱乐设施间距确定。秋千一般高 2.5 m，长 3.5～6.7 m（分为单座、双座、多座），周边安全护栏高 60 cm，踏板距离地面为 35～45 cm。幼儿用的秋千距离地面为 25 cm。地面需设排水系统和铺软垫。

6）滑梯

滑梯由攀登段、平台段和下滑段组成，一般采用木材、不锈钢、人造水磨石、玻璃纤维、增强塑料制作，保证滑板表面光滑。滑梯攀登梯架倾角为 70° 左右，宽为 40 cm，梯板高 6 cm 且双侧设扶手栏杆。滑板倾角为 30°～35°，宽为 40 cm，两侧直缘为 18 cm，便于儿童双脚制动。成品滑板和自制滑梯都应在梯板下部铺厚度不小于 3 cm 的胶垫，或 40 cm 以上的砂土，防止儿童坠落受伤。

7）游戏墙

游戏墙的墙体高控制在 1.2 m 以下，供儿童跨越或骑乘，厚度为 15～35 cm。墙上可适当开孔洞，供儿童穿越和窥视，产生游戏乐趣。墙体顶部边沿应做成圆角，墙下铺软垫。墙上绘制图案不易褪色。

8）滑板场

滑板场为专用场地，要利用绿化、栏杆等与其他休闲区分隔开。场地用硬质材料铺装，表面平整，并具有较大的摩擦力。设置固定的滑板练习器具，铁管滑架、曲面滑道和台阶总高度不宜超过 60 cm，并留出足够的滑跑安全距离。

9）吊床／绳网

吊床与秋千的性质类似，用于培养儿童的空中平衡感。绳网用于攀爬，同时可供成群孩子娱乐，有助于培养协作精神。

3. 成人游乐设施

成人游乐设施主要为健身设施。在我国，儿童游乐设施均通过限重方式禁止成人使用。但在国外，如德国的儿童游乐设施设计，充分考虑成年人的使用需求，满足成年人的童趣心理，可供家长与儿童一起玩耍，这样游乐设施的使用率大大提高，同时也促进了亲子关系的发展。

三、公共健身设施

公共健身设施是指在城市户外环境中安装固定，人们通过娱乐的方式进行体育活动，对提供身体素质能起到一定的提高作用的器材和设施。随着全民健身运动的普及，健身器材在我国许多社区环境中广泛出现。在很多公共绿地、广场、公园、居住小区等均设有公共健身设施，为人们休闲、锻炼、运动提供了条件，提高了人们的生活质量，如图 6-2 所示。

图 6-2　公共健身设施

1. 公共健身设施类型

按照使用者的年龄来分，公共健身设施可分为儿童设施、成人设施和老年人设施三类。

按照设施结构的复杂程度，公共健身设施主要分为具有单项功能的设施和具有综合功能的设施。

按照设施所具有的不同功能的健身作用，公共健身设施可分为锻炼柔韧性和灵活性的设施、增强平衡能力和灵活性的设施、增强上肢肌肉力量的设施、增强腰腹部力量的设施、增强下肢肌肉力量的设施、休闲放松的设施。

2. 公共健身设施的设计要点

(1) 易用性。所谓易用，指的是在使用健身设施前人们不需经过专门培训和学习，能够做到一看就会操作和使用。只有容易使用，才会有更多的使用者，才能有更大的社会存在价值。

(2) 趣味性。公共健身设施设计虽然是以健身为主，但设施中缺少了娱乐性因素，会让人感觉枯燥，因此要考虑公共健身设施的趣味性，减少运动带来的疲乏感，增加心理的愉悦。设计者在具体设计时，为避免使用者动作的单调，在可能的情况下应设计一些可供多人参与的健身设施，以便使用者增加交流，提高积极性。

(3) 舒适性。使用公共健身设施过程中的舒适性原则主要体现在使用者的生理和心理两个方面。在生理上的舒适感，是指使用者在使用公共健身设施的过程中人体动作不别扭，有愉悦的身心体验。设计者在设计时要对器材的尺寸进行科学的选择，不同的器材采用不同百分位的尺寸。在心理上的舒适感，是指公共健身设施中可见、可触摸、可感受到的部分能给使用者带来心理的抚慰、有趣、亲切感以及使用时的心理安全感或者心理认同感，具体体现在公共健身设施的造型设计稳定牢固，减少外露的繁杂结构，设计时采用的材料、色彩等具体组成要素能获得使用者的心理共鸣，能带来精神上的舒适感和愉悦感。

四、交通设施

坡道及台阶处的设计应有特色，并满足无障碍设计需求。

1. 坡道

坡道是交通和绿化系统中重要的设计元素之一，直接影响使用和感观效果。居住区道路的最大纵坡不大于8%；园路最大纵坡不大于4%；自行车专用道路最大纵坡控制在5%以内；轮椅坡道一般为6%，最大纵坡不超过8.5%，并采用防滑路面；人行道纵坡不大于2.5%。园路、人行道坡道宽一般为1.2 m，但考虑轮椅的通行，可设定为1.5 m以上，有轮椅交错的地方其宽度应达到1.8 m。

不同坡度的视觉感受、适用场所及选用材料如表6-3所示。

表6-3　不同坡度的视觉感受、适用场所及选用材料

坡　　度	视 觉 感 受	适 用 场 所	选 用 材 料
1%	平坡,行走方便,排水困难	渗水路面、局部活动场	地砖、料石
2%~3%	微坡,较平坦,活动方便	室外场地、车道、草皮路、绿化种植区、园路	混凝土、沥青、水刷石
4%~10%	缓坡,导向性强	草坪广场、自行车道	种植砖、砌块
10%~25%	陡坡,坡型明显	坡面草皮	种植砖、砌块

2. 台阶

室外台阶的踏步竖板高度应在80~160 mm,踏板宽度应不小于300 mm;踏板突出竖板的宽度不超过15 mm;台阶坡度宜为1:2~1:7。台阶级数宜为11级左右,最多不超过19级。休息平台的宽度应不小于1 m。

五、信息标识

居住区信息标识可分为名称标识、环境标识、指示标识和警示标识四类。设计者在设计过程中要注意如下问题:信息标识的位置应醒目,且不对行人交通及景观环境造成妨害;标识的色彩、造型设计应充分考虑其所在地区建筑、景观环境以及自身功能的需要;标识的用材应经久耐用,不易破损,方便维修;各种标识应确定统一的风格和背景色调以突出物业管理形象。

居住区信息标识的分类、内容及适用场所如表6-4所示。

表6-4　居住区信息标识的分类、内容及适用场所

标识类别	标识内容	适用场所
名称标识	标识牌 楼号牌 树木名称牌	—
环境标识	小区示意图	小区入口大门
	街区示意图	小区入口大门
	居住组团示意图	组团入口
	停车场导向牌 公共设施分布示意图 自行车停放处示意图 垃圾站位置图	—
指示标识	告示牌	会所、物业楼
	出入口标识 导向标识 机动车导向标识 自行车导向标识 步道标识 定点标识	—
警示标识	禁止入内标识	变电所、变压器等
	禁止踏入标识	草坪

第三节
德国舒尔伯格雕塑游乐场

德国舒尔伯格雕塑游乐场是由立体构架、模拟地貌和环绕游乐广场的林荫大道三部分组成的。

德国舒尔伯格雕塑游乐场的平面布置图如图 6-3 所示。

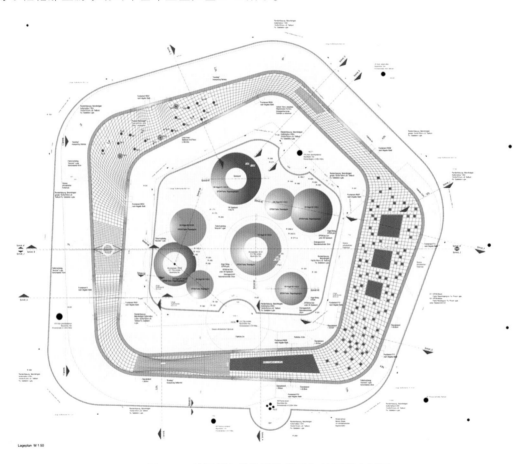

图 6-3　德国舒尔伯格雕塑游乐场的平面布置图

德国舒尔伯格雕塑游乐场的第一个基本组成部分也是最主要的组成部分是立体构架（见图 6-4）。立体构架由两根在树丛间蜿蜒浮动、距离和高度相平衡的绿色钢管构成。该结构中部为一个由密实的攀爬网围成的环形，可供儿童开展一系列的游戏活动。该结构为五边形，灵感源于威斯巴登城市的历史形态，钢管的起伏依据场地的城市环境、入口环境或眺望点而设。钢管结构不高于 3 m，环内有 6 个主要的游乐活动停留点，如藤条花园内有攀登的藤条、秋千，还有陡峭的攀爬墙。

德国舒尔伯格雕塑游乐场的第二个基本组成部分是由攀爬结构封闭起来的模拟地貌（见图 6-5），由软橡胶构成的小山和圆环被沙坑环绕，树丛簇拥，成为较年幼儿童的游乐设施。

德国舒尔伯格雕塑游乐场的第三个基本组成部分为环绕游乐场的宽阔通道所构成的林荫大道。林荫大道两边

图 6-4　立体构架

图 6-5　模拟地貌

还设了座椅供家长休息。

德国舒尔伯格雕塑游乐场的立面图如图 6-6 所示。

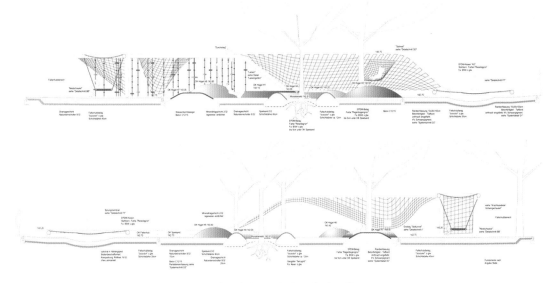

图 6-6　德国舒尔伯格雕塑游乐场的立面图

第七章

商业街公共环境设施设计

SHANGYEJIE GONGGONG HUANJING SHESHI SHEJI

第一节
步行商业街

步行商业街是以人为主体的街道环境，是城市街道建设体系中用步行空间作为综合交通体系的组成部分。步行商业街通常在城市的商业中心街区内，是城市街道的一种特殊形式。其主要功能是汇集和疏散商业建筑内的人流，并为这些人流提供适当的休息和娱乐空间，创造出安全、舒适又方便的购物环境。

步行商业街主要分为两种：一种是现代步行商业街，相对应的建筑、景观都很现代化；另一种是传统特色步行商业街，相对应的建筑、景观都具有传统特色，体现一个城市的历史与文化。无论是哪种风格，公共环境设施的尺度都是以人为本，路面铺装、座椅摆放、植物配置、色彩搭配、设施齐备等都需要考虑人的视觉、触觉和心理的需求特征。另外，步行商业街的景观设计还要突出商业气氛，如广告牌、灯箱等都是设计的重点。

第二节
商业街公共环境设施设计

一、商业服务设施

1. 售货亭

售货亭是为人们提供购物便利或提供某种服务的设施，又称为服务商亭。售货亭包括报刊亭、快餐亭、售花亭、工艺品亭等。

各种形式的售货亭如图 7-1 所示。

2. 自动售货机

自动售货机是能根据投入的钱币自动付货的机器。自动售货机是商业自动化的常用设备，不受时间、地点的限制，能节省人力，方便交易。自动售货机是一种全新的商业零售形式。20 世纪 70 年代，自动售货机在美国、日本迅猛发展，如今已成为世界上最大的现金交易市场，它又被称为 24 小时营业的微型超市。近些年来，随着我国商品市场的不断繁荣和城市现代化程度的不断提高，自动售货机也已悄然步入了我国的大中城市。如今，在机场、地铁、商场、公园等客流较大的场所，都能发现自动售货机的身影。

各种形式的自动售货机如图 7-2 所示。

3. 流动售货车

流动售货车是机动性很强的小型销售设施，可以停放在休闲广场、步行街口、车站、码头、校园、庆典活动

图 7-1　各种形式的售货亭

图 7-2　各种形式的自动售货机

现场、体育场馆、旅游景点等场所，还可以开到郊外乡镇赶场。流动售货车集中体现其宣传、配送、现场售卖、促销活动等价值，适用于大小型零售企业形象宣传等。流动售货车与自动售货机相比，不仅在外观上更加美观，内部结构也根据实际需求进行了相关调整，还对内部装饰格局添加了优质材料。各种形式的流动售货车在许多国家城市已成为别有特色的景观，如图 7-3 所示。

(a)　　　　　　　　　　　　　　　　　　　　(b)

图 7-3　各种形式的流动售货车

二、公共设施

1. 公用电话亭

在本书第八章将对公用电话亭进行详细介绍，这里只介绍公用电话亭作为功能性的艺术作品的案例。
装饰味十足的公用电话亭如图 7-4 所示。

(a)

图 7-4　装饰味十足的公用电话亭

2. 邮政邮筒

世界各国的邮政邮筒颜色不尽相同。如中国的邮政邮筒都是绿色的，日本和英国的邮政邮筒都是红色的，法国和德国的邮政邮筒都是黄色的，而美国的邮政邮筒则是蓝色的。

(b)

(c)

续图 7-4

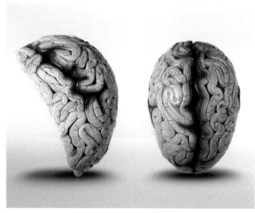

(d)

续图 7-4

部分国家的邮政邮筒如图 7-5 至图 7-9 所示。

图 7-5　中国的邮政邮筒　　　　图 7-6　英国的邮政邮筒　　　　图 7-7　日本的邮政邮筒

图 7-8　德国的邮政邮筒　　　　　　图 7-9　美国的邮政邮筒

3. 导识牌设计

导识牌是城市公共信息设施的重要组成部分，可引导行人的行为，提供丰富的信息。导识牌应简洁、易懂，其安装位置要利于行人观看。导识牌选用钢木结构的材质，坚固、经济、易加工。导识牌在设计上力求简约但不简单，其高度应符合人的视觉习惯，且便于行人读取信息。

4. 商业性广告牌

在商业街中，户外广告按照设置载体的不同，可分为建筑物广告、构筑物广告（如电话亭、报刊亭、候车亭等）、路牌广告、高立柱广告、立体造型广告、汽车广告等。

广告牌如图 7-10 所示，广告宣传车如图 7-11 所示。

5. 街钟

街钟（见图 7-12）不但能美化环境，还具有一定的实用功能，方便人们辨别时间。

图 7-10　广告牌　　　　　　　　　图 7-11　广告宣传车

图 7-12　街钟

6. 垃圾箱

商业街具有人流密度大、时尚感强等特点，要求设计者在设计垃圾箱时要考虑温度、湿度、气候、光照等自然条件的影响，还要考虑垃圾箱的材料、寿命、人为损坏与自然损坏等因素。可选用的垃圾箱材料有钢材、塑料和 HB 复合板等。设计者在垃圾箱的造型设计上既要尽可能与周围环境相融合，又要具有较大的体积容量，设计时要考虑其科学性，避免出现如下问题：开口太大而容积太小，密闭性太差导致垃圾容易溢出，回收不方便而造成二次污染，没有实施垃圾分类等。

垃圾箱与环卫车如图 7-13 所示。

(a)

(b)

图 7-13　垃圾箱与环卫车

第三节
北京新前门大街

北京新前门大街街道环境设施设计中，将北京传统的拨浪鼓、鸟笼等元素融合到路灯的设计中。拨浪鼓是老北京人儿时的玩具，而鸟笼是北京喜爱遛鸟的中老年人的宝贝。设计者将这些当地司空见惯的元素加以提取和组合，再结合现代的路灯，就变成了很有"京味儿"的公共环境设施作品。北京新前门大街上的路灯不仅可以勾起当地人对儿时或者父辈们的情感，而且能让外地游客体验到北京文化。这种设计手法灵活多变，形式新颖，可以很好地体现地方特色，也增强了历史文化感，在一定程度上满足了人们对城市特色的追求，也对街道环境的文化氛围起到了良好的烘托作用。

北京新前门大街公共环境设施如图7-14所示。

(a)

(b)

(c)

(d)

(e)

(f)

图7-14 北京新前门大街公共环境设施

(g)

(h)

(i)

(j)

(k)

(l)

(m)

续图 7-14

第八章

城市交通空间公共环境设施设计

CHENGSHI JIAOTONG KONGJIAN GONGGONG HUANJING SHESHI SHEJI

第一节

城市交通空间

城市街道是城市形态的基本构成，是城市结构的"骨骼"。

城市交通性街道在日常生活中主要承担着交通运输的功能。这些街道通常连接着城市中不同的功能区，满足各个功能区之间日常人流和物流空间转移的要求。

城市交通性街道通常兼有交通和景观两大功能，一般与城市的重要出入口相连，如出入城的公路、铁路、公路客运站等。城区内的交通性街道则是一些重要设施之间的连通道，是城市中的重要轴线，如城市主要的商业中心之间、城市各中心广场之间、城市商业与中心广场之间等。这些街道上车辆速度较快，交叉口间距较大，且多数采用立交形式来组织交通。城市交通性街道两侧一般不宜设置吸引大量人流的大型商业、文化娱乐设施，避免人流对车道的影响，以保证车流顺畅。因为街道上行人数量较少，街道景观观赏者主要是行进的车辆，所以其两侧建筑物一般较简洁，强调轮廓线和节奏感，没有多余的装饰，一般设置一些大型雕塑或标志物来丰富景观。

纯交通性街道只适用于环绕城市中心地区外的环路和通向郊外的放射路。市中心的街道还应兼顾生活与交通的双重功能，并按需要有所侧重。

第二节

城市交通性街道的公共环境设施设计

一、公共休息设施

交通性街道，为了不影响通行，设置座椅数量较少，但富有个性、独具魅力的座椅设计，以其多样化的形态结构强化地区的风貌，并成为文化继承和交流、人们情感协调的重要因素。

富有个性的座椅如图8-1所示。

以色列设计师从另外的角度思考城市公共环境设施的使用，以长椅在公共空间的应用为课题，实验性地从其他角度看待它们存在的位置与方向，设计了一系列视角独特的公共空间座椅，如图8-2所示，为未来城市发展的可能性做了有意义的探索。同时，这些独特设计也引起了一些争议，如从安全性考虑，极有可能会吸引司机的注意力，从而造成事故等。

图 8-1　富有个性的座椅

(a)

(b)

(c)

(d)

图 8-2　以色列设计师设计的公共空间座椅

二、公共信息设施

公共信息设施包括指示牌、公共信息栏、公用电话亭、路牌等设施。

1. 指示牌

在复杂的公共交通中，最具有识别能力的就是数字，用数字将公共交通进行编号是有效的导向方式。数字化管理可以扩大导向系统的服务范围，并可使导向系统更具人性化。在欧洲很多国家和地区都已经逐渐实现了公共交通路线的数字化，这也是值得借鉴和学习的。

道路指示牌如图 8-3 所示。

图 8-3　道路指示牌

2. 公共信息栏

公共信息栏是一种特殊的标志，在交通集散区这种目标多、结构复杂的区域中显得尤为重要。由于公共信息栏中的信息较多，字体相应较小，行人需近距离观看，且公共信息栏又不能过高，这样在人流密集区容易被忽视。设计者可以通过将公共信息栏加高，设置通用标志，这样可以使人们在较远的距离就能注意到公共信息栏的存在，吸引行人的注意力，起到很好的信息引导作用。

3. 公用电话亭

公用电话亭通常设在公共区域，方便有需求的用户使用。随着移动电话的问世，公用电话行业快速下跌，然而，公用电话是不可能完全消失的，公用电话亭可以通过建立配套设施，比如手机充电站、互联网接入等增加收益。公用电话亭的存在形式主要有两种：一种为半封闭的公用电话亭，即公用电话亭与外部环境是相通的，这样的公用电话亭不利于阻止来自外界的噪声，雨、雪等恶劣天气也会对通话者造成影响；另一种则为封闭式公用电话亭，这样的公用电话亭可以使使用者免受周围噪声及恶劣天气的影响，保证通话质量，但造价较高。

目前，公用电话亭有封闭式、敞开式和附壁式三种类型。

（1）封闭式。封闭式公用电话亭适用于宽敞空间，如公共绿地、旅游景点、广场、宽阔道路等。

（2）敞开式。敞开式公用电话亭适用于一般道路等。

（3）附壁式。附壁式公用电话亭适合安装在其他构筑物上，如墙体、其他构筑物本体等。如果公用电话亭的尺寸存在不足，会使人们在使用电话时感到不舒服和不方便，所以，合理设计公用电话亭不仅能够更好地满足人们的正常使用，而且能够美化城市，成为一道亮丽的风景线。

形态各异的公用电话亭如图 8-4 所示。

三、交通性设施

1. 地铁出入口

地铁出入口作为联系地上、地下城市空间的载体，其布局、建筑形式与城市规划、景观息息相关，设计者在设计时要做到协调、美观且易于识别。

造型各异的地铁站出入口如图 8-5 所示。

图 8-4　形态各异的公用电话亭

(a)

(b)

(c)   (d)

图 8-5　造型各异的地铁站出入口

2. 公交候车亭

公交候车亭属于城市公共交通基础设施范畴，其特点表现为设置数量多、覆盖范围广、使用频率高。公交候车亭沿公交车运行线路分布，并与公交站牌相配套，为方便乘客候车时遮阳、挡雨等，在车站、道路两旁或绿化带的港湾式公交停靠站上建设的公共环境设施。由于城市公交的日益发达，公交候车亭已成为城市一个不可或缺的重要组成部分，设计精美的公交候车亭也成为城市一道美丽的风景。

公交候车亭作为一种具有实际使用价值的公共环境设施，其设计上应该具有以下几个基本特征。

（1）易识别。公交候车亭应醒目，可以让行人很方便找到。

（2）明视度高。候车者在公交候车亭内可以清晰地观察车辆是否进站。

（3）配备信息牌。信息牌要包含为候车者提供更多帮助的诸多内容，如时刻表、沿线停靠站点、票价表、城市地图等。

（4）亮化照明设施。公交候车亭应方便夜间候车者。

（5）配置休息椅。公交候车亭应为长时间候车人群提供休息的地方。

(6) 有遮阳篷、挡板或隔板。公交候车亭应为候车者提供遮风挡雨的基本功能。

各种形式的公交候车亭如图 8-6 所示。

(a)

(b)

(c)

(d)

图 8-6　各种形式的公交候车亭

3. 人行天桥

人行天桥又称人行立交桥，一般建在车流量大、行人稠密的地段或者交叉口、广场及铁路上面。人行天桥只允许行人通过，用于避免车流和人流之间的冲突，保障人们安全穿越，提高车速，减少交通事故。人行天桥是目前很多城市解决人车通行矛盾的方法。

人行天桥的设计原则如下。

(1) 以人为本，满足行人以最短的距离及最小的爬高跨越道路的心理需求，方便疏散人流；确保弱势群体、自行车都容易过桥。如图 8-7 所示，互成网络的庞大空中步行系统，既方便人们的出行，又缓解了交通拥堵。

(2) 融入环境，要求人行天桥的桥形轻盈活泼。

(3) 结构合理，造价适中，便于施工。

(4) 人行天桥应设置在交通繁忙及过街行人稠密的快速路、主干路、次干路的路段或平面交叉处。如图 8-8 所示，位于香港太古广场旁的人行天桥将电车站台连在一起，虽然简陋，却给行人带来很多便利。

(5) 设置在车流量很大，不能满足过街行人安全穿行需要，或车辆严重危及过街行人安全的路段。

人行天桥的设计要点如下。

图 8-7　人行天桥
图 8-8　香港太古广场旁的人行天桥

（1）人行天桥常见跨度为 20～30 m，布墩位置一般为绿化带、隔离带及空地。

（2）为减少占地矛盾，人行天桥梯道可只设计人行梯道或人行和非机动车共用梯道，梯道宜布置在人行道外侧，其落地形式可以在直梯梯道、折梯梯道及旋转梯道中结合用地条件优化选择。

（3）为解决好人行天桥与商业区的关系，可以考虑将人行天桥直接接入商场 2 楼，以减少建设阻力。

（4）栏杆是人行天桥上必要的安全设施，也是构成人行天桥立面造型的重要美学要素，因此栏杆的设计也必须是安全与景观的有机结合。

（5）人行天桥的桥面铺装必须具备耐久性、抗滑性、美观性以及舒适性。

（6）无障碍设施设计，如梯道设计中需要考虑方便残障人士上下的坡道，当设计坡道有困难时可改为电梯。盲道系统要保持连续性，盲道一直铺设到天桥入口处，在盲道与人行天桥上下口连接的地方，可铺设花纹不同于盲道地砖的特殊地砖，用于提示盲人朋友；人行天桥的栏杆扶手应考虑到各类人群的需求，设置双层扶手，且在扶手起点水平段安装盲文标识牌；人行梯道与路面相接处的三角空间区应安装防护栅栏。

4. 自行车架

为满足自行车存取和街道观瞻的要求，室外通常设有方便的自行车架。自行车架是自行车停放场地的主要装置，常见的停放方式有普通的垂直式、倾斜式以及利用自行车架提高停放场所容纳能力的双层错位式。

目前，国外自行车架样式多样，如图 8-9 所示，有雕塑造型感的空间存放架，有高度低于膝盖的栏杆式存放架和放射线布置的水泥存放支座等，种类繁多，成为一道美丽的城市景观。

(a)

图 8-9　自行车停靠架

(b)

(c)

(d)

(e)

续图 8-9

　　自助自行车租赁系统是市政府将特制的高质量自行车安放在全市各个角落的自行车车站，同时有一套电子智能系统来管理人们对于自行车的租借、使用和存放。

　　巴黎自助自行车如图 8-10 所示。

5. 护栏与护柱

　　护栏与护柱都属于拦阻设施，对人的行为与心理具有一定程度的限定与导引，从而保证公共环境设施对环境景观空间功用的实现，分隔内外领域，表明分界，防止车辆、行人的侵入，保证内部安全。

　　护栏通称为安全栏，是设在道路中或道路边缘，用以隔离车辆与车辆、车辆与行人通行顺序及保障安全的公共交通设施。在设置护栏时要考虑保持舒畅的行走路线及与周边环境协调。

　　护栏按不同功能要求设计的高度如表 8-1 所示。

(a)　　　　　　　　　　　　　　　　　　　　　　　(b)

(c)　　　　　　　　　　　　　　　　　　　　　　　(d)

图 8-10　巴黎自助自行车

表 8-1　护栏按不同功能要求设计的高度

功 能 要 求	高度 /cm
隔离绿化带	40
限制车辆进出	50～70
标明分界区域	120～150
限制人员进出	180～200
供植物攀爬	200 以上

护柱又称为隔离墩，属于限制性的半拦阻设施，具有一定的空间划分和导向功能，并可起到扩展视觉空间和丰富景观的作用。护柱的形态种类繁多，在拦阻功能的基础上又兼顾坐具的功能，同时也常与照明设施统一设计，讲究色彩与地面及街道相协调，个性化与整体环境相适应。

隔离墩如图 8-11 所示。

图 8-11　隔离墩

四、公共管理设施

1. 井盖

日本街道井盖根据地域位置和街道主题的不同，呈现出不同的内容，给人留下深刻的城市印象，如图 8-12 所示。

图 8-12　日本井盖

2. 树池篦

树池篦（见图8-13）主要用在街道两旁的树池内，起防护水土流失、美化环境的作用。树池篦要与人行道地面平行，消除路人行走时被绊倒的安全隐患，同时注重其艺术性，借以提升城市的文化品位。

图8-13 树池篦

第三节
斯德哥尔摩的地铁系统

作为城市交通的骨干系统，地铁在人们的快捷生活中起着不可或缺的作用，但千篇一律的现代化建设，也许让你在地铁站从来没有流连忘返的感觉，全长100多千米的瑞典斯德哥尔摩的地铁系统却是一个例外。斯德哥尔摩地铁于1950年通车，以其车站的装饰闻名，被称为世界上最长的艺术长廊。

斯德哥尔摩地铁的设计非常先进，除了标识清晰简明、快速准点、安全舒适外，其换乘系统也很便利。红、绿、蓝三条线都可以在地铁中央站换乘，另外，蓝线和绿线、红线与绿线都还有除地铁中央站以外的换乘站，通过线路的巧妙安排，使乘客尽量减小换乘路线。

斯德哥尔摩地铁系统的地铁线路图如图8-14所示。

斯德哥尔摩地铁被认为是欧洲最美的地铁系统之一主要归因于其风格独特的站厅设计。车站建筑体的内部构造很像洞窟，尤其蓝线上的车站是通过凿开石灰岩层建成的，墙壁和天顶都是裸露的岩石，这些凹凸不平的岩层上，有各种不同颜色的彩绘装饰，并镶嵌了现代感的立体作品，让人大饱眼福。

20世纪50年代，斯堪的纳维亚设计风格趋于成熟，简单美观、价格实惠的家具与日用品陆续出现，将地铁站打造成美术馆的计划，也是这股风潮下的产物。

今天，我们可以在100个地铁站内，欣赏到100多位艺术家的作品，作品年代与设计各有不同。

图 8-14　斯德哥尔摩地铁系统的地铁线路图

斯德哥尔摩地铁站内的公共环境设施设计如图 8-15 所示。

图 8-15　斯德哥尔摩地铁站内的公共环境设施设计

续图 8-15

参考
文献

GONGGONG HUANJING SHESHI SHEJI

[1] ［英］Chris van Uffelen. Street Furniture ［M］. London：Thames & Hudson，2010.

[2] 冯信群.公共环境设施设计 ［M］.上海：东华大学出版社，2006.

[3] 肖德荣，毛亮，王选政.公共设施设计 ［M］.北京：中国民族摄影出版社，2011.

[4] 薛文凯.公共环境设施设计 ［M］.沈阳：辽宁美术出版社，2006.

[5] 毕留举.城市公共环境设施设计 ［M］.长沙：湖南大学出版社，2010.

[6] 安秀.公共设施与环境艺术设计 ［M］.北京：中国建筑工业出版社，2007.

[7] 杨叶红."城市家具"——城市公共设施设计研究 ［D］.成都：西南交通大学，2007.

[8] 张秀婷.城市公共设施的人性化设计研究 ［D］.青岛：青岛理工大学，2012.

[9] 张雷.垃圾回收箱造型设计探析 ［D］.长春：吉林大学，2009.

[10] 刘厚军，陈艺.城市人行天桥的精细化设计 ［J］.市政技术，2013（04）.